AF542475

COURS COMPLET

DE

MATHÉMATIQUES SPÉCIALES

PARIS. — IMPRIMERIE GAUTHIER-VILLARS ET Cie,
68462 Quai des Grands-Augustins, 55.

COURS COMPLET

DE

MATHÉMATIQUES SPÉCIALES

Par J. HAAG,

PROFESSEUR A LA FACULTÉ DES SCIENCES DE CLERMONT-FERRAND
EXAMINATEUR SUPPLÉANT D'ADMISSION A L'ÉCOLE POLYTECHNIQUE

TOME IV.

GÉOMÉTRIE DESCRIPTIVE ET TRIGONOMETRIE.

PARIS
GAUTHIER-VILLARS ET Cie, ÉDITEURS
LIBRAIRES DU BUREAU DES LONGITUDES, DE L'ÉCOLE POLYTECHNIQUE
55, Quai des Grands-Augustins, 55

1923

PRÉFACE.

Ce quatrième et dernier tome de mon Cours de Mathématiques spéciales comprend la Géométrie descriptive et la Trigonométrie.

En Géométrie descriptive, j'ai suivi sensiblement le programme de l'École Polytechnique. Toutefois, j'ai jugé inutile de reprendre les problèmes sur la droite et le plan, que j'ai supposés connus du lecteur. Par contre, j'ai ajouté à l'étude des quadriques réglées quelques paragraphes sur l'ellipsoïde, l'hyperboloïde à deux nappes et le paraboloïde elliptique, surfaces qui ne me paraissent pas moins intéressantes que l'hyperboloïde à une nappe et le paraboloïde hyperbolique. En outre, dans le chapitre de la perspective, il m'a semblé utile de compléter les notions théoriques du programme par quelques notions pratiques sur la mise en perspective d'une figure quelconque de l'espace.

J'ai rassemblé, dans le premier chapitre, tous les principes généraux concernant la représentation des lignes et des surfaces et la recherche de leurs intersections. Cela m'a permis d'alléger la rédaction des chapitres suivants, tout en m'évitant de répéter plusieurs fois une même théorie.

Dans tout le cours de l'ouvrage, j'ai fait un fréquent usage des résultats obtenus dans le tome II et, en particulier, je n'ai pas craint de faire largement appel aux notions si fécondes de points à l'infini ou d'éléments imaginaires.

Les exercices comportent surtout des épures complètes, analogues à celles des concours d'admission aux grandes écoles. La crainte d'une excessive majoration du prix de vente m'a empêché de les présenter sur des planches spéciales, ce qui a entraîné une forte réduction d'échelle et conséquemment une lisibilité défectueuse. Je m'excuse à l'avance auprès du lecteur pour la fatigue que je vais imposer à ses organes visuels et je lui conseille de reproduire lui-même, sur une feuille quart grand aigle, les épures qu'il jugera par trop confuses.

A ces épures complètes, j'ai généralement ajouté quelques questions du genre de celles qu'on pose aux examens oraux, mais en les réservant presque toujours pour les exercices proposés.

Dans le chapitre des surfaces topographiques, j'ai jugé qu'il serait dénué d'intérêt de résoudre, par la méthode des projections cotées, des questions relatives à des surfaces géométriques. J'ai envisagé, au contraire, des exercices d'un caractère pratique, exécutés sur un plan directeur du front de Champagne en 1917.

La Trigonométrie ne comprend que deux chapitres, l'un relatif aux propriétés générales des lignes trigonométriques et l'autre relatif à la résolution des triangles. Bien que presque tout ce programme soit élémentaire, je l'ai repris en entier, mais en le traitant d'un point de vue conforme à l'esprit général du Cours et en faisant appel à la fois au tome II et au tome I, ce qui m'a permis d'en condenser la rédaction au maximum.

Il me reste maintenant à exprimer toute ma reconnaissance à mes éditeurs, pour la persévérance dont ils ont fait preuve, en poursuivant jusqu'au bout, malgré les difficultés occasionnées par la guerre, la publication de ce long travail.

Je dois également remercier ceux de mes lecteurs qui m'ont apporté leurs encouragements, au cours d'une tâche parfois bien ingrate, en même temps que des suggestions intéressantes, dont je tiendrai le plus grand compte dans les prochaines éditions.

J. HAAG.

Clermont-Ferrand, décembre 1921.

COURS COMPLET
DE
MATHÉMATIQUES SPÉCIALES

GÉOMÉTRIE DESCRIPTIVE

CHAPITRE I.

GÉNÉRALITÉS SUR LA REPRÉSENTATION DES LIGNES ET DES SURFACES ET SUR LA RECHERCHE DE LEURS INTERSECTIONS.

1. **Représentation d'une ligne.** — En Géométrie descriptive, une ligne se représente par ses deux projections.

Théorème. — *La tangente en un point m de la projection c d'une courbe C de l'espace est la projection de la tangente à C au point M qui se projette en m.*

Démontrons le théorème pour une *projection conique* quelconque, de sommet P.

Les courbes c et C sont situées sur un même cône, de sommet P. Les points m et M appartiennent à une même génératrice G de ce cône. Les plans Pmt et PMT lui sont respectivement tangents en m et en M et, par suite, sont confondus (t. II, n° 375). Il en résulte évidemment que mt est la projection de MT. C. Q. F. D.

Cas d'exception. — La démonstration précédente est en défaut si la droite MT passe par P, car le plan MTP est indéterminé et la projection de MT se réduit au point m. Cette circonstance peut se présenter dans deux cas :

Premier cas. — *Le point* P *se trouve sur* MT, *mais non en* M.

le contour apparent de la première surface, par exemple. Le plan tangent en ce point à S passe par P. Mais, il est aussi tangent à S_1, puisque M appartient à la ligne de contact. Donc, M appartient aussi au contour apparent de S_1. En projection, les deux contours apparents, ainsi que la ligne de contact sont tangents, en m, à la trace du plan tangent ci-dessus. C. Q. F. D.

3. Le cône de rayons visuels envisagé au numéro précédent et qui sépare les rayons rencontrant la surface des rayons ne la rencontrant pas peut quelquefois comprendre des nappes non tangentes à S. Ceci arrive lorsque la surface présente une ligne d'arrêt A. Cette ligne doit être comprise dans le contour apparent C. Mais les théorèmes I et II précédents ne doivent pas lui être appliqués.

Si la surface S possède une ligne multiple L (t. II, n° 206), le plan tangent en un point quelconque M de cette ligne est, comme on sait, indéterminé. Le plan qui contient P et la tangente en M à L peut être considéré comme tangent à S en M, de sorte qu'en théorie, la ligne L doit être regardée comme faisant partie du contour apparent dans l'espace. Cela est vrai aussi en pratique, si l'on considère que l'éclairement change nécessairement quand on traverse la ligne L, en passant d'une nappe sur l'autre.

Les théorèmes I et II ne s'appliquent pas non plus à une telle extension du contour apparent.

4. En Géométrie descriptive, il y a deux contours apparents, obtenus en prenant le point P à l'infini dans la direction perpendiculaire au plan horizontal ou au plan vertical. Ils sont appelés respectivement *contour apparent horizontal* et *contour apparent vertical*.

Le contour apparent horizontal est seulement tracé en projection horizontale, car cette projection est seule intéressante, au point de vue de la représentation de la surface. Ce n'est que pour elle que les théorèmes I et II sont applicables.

De même, le contour apparent vertical n'est tracé qu'en projection verticale.

5. **Ombres.** — Supposons que, dans les considérations des trois numéros précédents, le point P, au lieu d'être l'œil de l'observateur, soit une source lumineuse. Les rayons visuels deviennent des rayons lumineux émis par cette source. La ligne C est appelée *ligne d'ombre propre*.

Si l'on applique le théorème I du n° 2, on voit que cette ligne sépare, sur la surface S, la région éclairée de la région qui ne l'est pas. Cette dernière est habituellement couverte de hachures, dans les épures.

La ligne c est appelée *ligne d'ombre portée* par S sur le plan E. Il est évident qu'elle limite la région de ce plan qui ne reçoit pas de lumière de la source P, à cause de l'arrêt des rayons lumineux par la surface S. Cette région est aussi couverte de hachures.

Plus généralement, on peut considérer l'ombre portée par S sur une autre surface quelconque S'. C'est l'intersection de cette dernière avec le cône d'ombre. La région à couvrir de hachures est celle qui est intérieure au cône.

Lorsque le point P est à distance finie, l'ombre est dite *au flambeau*. S'il est à l'infini, l'ombre est dite *au soleil*. Dans ce dernier cas, on a l'habitude de prendre la direction des rayons lumineux inclinée à 45° sur la ligne de terre dans les deux projections.

On peut aussi considérer l'ombre portée par une ligne L sur une surface S. C'est la trace, sur S, du cône de sommet P et admettant L pour directrice.

6. **Intersections.** — I. *Intersection d'une ligne* L *et d'une surface* S. — On coupe la surface S par une *surface auxiliaire* A passant par L et choisie de manière que l'intersection L' soit aussi simple que possible. Puis on prend les points de rencontre des deux lignes L et L'. Ce sont les points cherchés.

II. *Intersection de deux surfaces* S *et* S_1. — On coupe par une *surface auxiliaire variable* A. Elle coupe les deux surfaces proposées suivant deux lignes L et L_1, qui se coupent, à leur tour, en un certain nombre de points appartenant tous à l'intersection C, que l'on se propose de construire. Soit M l'un d'eux; on l'appelle *point courant*, parce que, lorsqu'on fait varier A, il décrit la ligne C.

Il est utile de savoir *construire la tangente* MT en ce point à C. A cet effet, on peut employer deux méthodes.

Première méthode : Méthode des plans tangents. — On prend l'intersection des plans tangents P et P_1 en M aux deux surfaces. Cette intersection est évidemment la tangente cherchée.

Deuxième méthode : Méthode des normales. — On construit les normales MN et MN₁ en M aux deux surfaces. La tangente cherchée doit être perpendiculaire à la fois à ces deux normales; elle est donc perpendiculaire au plan NMN₁, lequel n'est autre que le plan normal à la courbe C.

Ces deux méthodes sont, au fond, identiques et ne diffèrent que par la plus ou moins grande facilité d'exécution de l'épure. On adopte la première ou la seconde, suivant qu'il paraît plus facile de construire les plans tangents ou les normales.

Cas d'exception. — I. *Les deux surfaces sont tangentes en* M. — Les deux méthodes deviennent illusoires, parce que les plans tangents se confondent, ainsi que les normales. On sait d'ailleurs (t. II, n° 343) que, dans ce cas, *l'intersection présente un point double en* M, de sorte qu'en réalité, il y a deux tangentes. Pour les déterminer, on peut prendre les *diamètres communs aux indicatrices* des deux surfaces (*loc. cit.*). Mais cela donne lieu, en général, à une épure compliquée et la méthode est peu pratique. Une autre méthode est celle du *cône d'erreur*. On appelle ainsi le cône qui a pour sommet le point double M et pour directrice la courbe d'intersection. Les deux tangentes cherchées sont évidemment situées sur ce cône. Comme elles sont, d'autre part, dans le plan tangent commun P, il suffit de prendre l'intersection de ce plan avec le cône d'erreur.

On sait (t. II, n° 379) que le degré du cône d'erreur est égal au degré de la courbe C diminué de deux unités. En particulier, si les surfaces proposées sont des quadriques, C est une biquadratique et le cône d'erreur est du second degré. Si l'on sait trouver un de ses plans cycliques, la construction précédente sera aisée.

II. *Les plans tangents* P *et* P_1 *sont verticaux.* — La tangente dans l'espace continue à être déterminée sans difficulté par l'une ou l'autre des méthodes indiquées plus haut; c'est évidemment la verticale du point M. La seule difficulté se présente en projection horizontale, parce qu'on se trouve dans le cas d'exception du théorème du n° 1.

Si le point M est à distance finie, la tangente *mt* à la projection horizontale est la trace du plan osculateur en M à C. On peut déterminer celui-ci en prenant *l'intersection des cercles de Meusnier* des deux surfaces relatifs à la tangente commune verticale (t. II, n° 335). Ces deux cercles ont leur plan commun horizontal; ils se projettent donc en vraie grandeur et l'axe radical de ces projections est la tangente *mt*.

7. Surfaces limites. — Pour être certain que le point M décrit toute la courbe C, il faut faire balayer par la surface auxiliaire A tout l'espace contenant les deux surfaces proposées. Mais, il peut arriver que A ne rencontre pas C et, par conséquent, ne soit d'aucune utilité dans la détermination de l'intersection. Il est donc avantageux de connaître les surfaces auxiliaires particulières A_0, qui séparent les surfaces utiles des surfaces inutiles. Une telle surface A_0 est appelée *surface limite*. Elle est caractérisée par la condition d'être *tangente à la courbe* C, car de deux surfaces voisines A et A', prises de part et d'autre de A_0, l'une donne deux points de la courbe C très voisins du point de contact M_0 de A_0 et l'autre ne donne rien.

Un cas particulier est celui où A_0 est tangente en M_0 à l'une des surfaces proposées, par exemple à la surface S. On dit alors que A_0 est *limite pour* S.

Théorème (*dit des surfaces limites*). — *Si* A_0 *est limite pour* S, *son intersection avec* S_1 *est tangente à* C.

En effet, si l'on détermine les tangentes aux deux courbes par la méthode des plans tangents, on aboutit à la même droite, puisque les plans tangents en M_0 à A_0 et à S sont les mêmes.

Il est généralement difficile de déterminer les surfaces limites. Un cas particulier où cela est possible est celui où l'on peut trouver une surface A_0 circonscrite à S le long d'une ligne γ. En tout point de rencontre de cette ligne avec S_1, A_0 est évidemment limite pour S [1].

8. Points remarquables. — On appelle ainsi des points de l'intersection, auxquels on impose une certaine propriété caractéristique et qui jouent un rôle plus ou moins important dans l'exécution de l'épure ou dans la présentation finale du résultat. Les points remar-

---

[1] Il ne suffit pas de prendre la surface A_0 tangente à S pour pouvoir affirmer qu'elle est surface limite; il faut, en outre, que son point de contact soit sur S_1.

quables que l'on cherche habituellement dans une intersection sont les suivants :

1° *Points limites.* — Ce sont les points fournis par les surfaces limites. Ils ne sont pas utiles pour la représentation de l'intersection et leur recherche n'est justifiée que par l'importance des surfaces limites (n° 7).

2° *Points sur les contours apparents.* — Les points de l'intersection situés sur les contours apparents horizontaux et verticaux des deux surfaces sont très importants au point de vue de la ponctuation, car ils séparent les parties vues des parties cachées. D'après le théorème II du n° 2, en un point du contour apparent horizontal de S, par exemple, la projection horizontale de l'intersection est tangente à ce contour apparent.

Il n'existe pas de méthode générale simple pour trouver les points sur les contours apparents. Supposons, par exemple, qu'on veuille les points sur le contour apparent horizontal H de S. On tâche de trouver une surface contenant le contour apparent H dans l'espace et coupant S_1 suivant une courbe simple. En prenant l'intersection de cette dernière avec H, on obtient les points cherchés, dont on ne marque, bien entendu, que la projection horizontale.

Si l'on n'aperçoit pas la surface auxiliaire désirée, on a toujours la ressource de couper par le cylindre projetant verticalement H. Autrement dit, on prend l'intersection des projections verticales de H et de C et l'on rappelle les points obtenus sur la projection horizontale de H. Cela est plus précis que de chercher directement les points de contact des deux projections horizontales, car le point de contact de deux courbes tangentes est toujours graphiquement très mal déterminé. Ce procédé offre toutefois l'inconvénient d'exiger la construction de la projection verticale de H qui, par ailleurs, ne présente aucune utilité.

3° *Points doubles.* — Il y a des points doubles lorsque les surfaces proposées sont tangentes ou lorsque l'une d'elles présente un point double situé sur l'autre. Quand on a obtenu un tel point, il est bon de chercher ses tangentes. Dans le cas des surfaces tangentes, on applique l'une des méthodes indiquées au n° 6. Dans le cas où le point est un point conique de S, par exemple, on prend l'intersection du cône des tangentes avec le plan tangent à S_1.

Points doubles apparents. — Dans les deux cas envisagés ci-dessus, on a affaire à un véritable point double dans l'espace, qui donne un point double dans chaque projection. Il peut arriver aussi qu'on ait, par exemple, un *point double apparent en projection horizontale*, qui ne soit pas la projection d'un véritable point double de l'espace. Ceci a lieu lorsque deux points P et Q de la courbe C se projettent horizontalement en un même point m, c'est-à-dire lorsqu'ils se trouvent sur une même verticale. Les deux branches de la courbe C qui passent respectivement par P et par Q donnent, en projection horizontale, deux branches qui se coupent en m, ce qui constitue évidemment un point double. *Il n'y a aucune difficulté à obtenir les tangentes* en un tel point, car il suffit de construire successivement les projections horizontales des tangentes en P et en Q à la courbe C de l'espace. Ce qui est plus difficile, c'est d'obtenir les points doubles eux-mêmes.

On peut quelquefois construire assez facilement une ligne, appelée *ligne des points doubles*, sur laquelle on est assuré que se trouvent ces points. Voici, par exemple, comment on définit la ligne des points doubles *en projection horizontale*. On remarque que le milieu de PQ appartient à la fois aux surfaces diamétrales conjuguées des cordes verticales par rapport aux deux surfaces proposées. L'intersection D de ces deux surfaces diamétrales se projette horizontalement suivant une ligne d, qui passe évidemment par m. C'est cette ligne d qui constitue la ligne des points doubles en projection horizontale. En prenant son intersection avec la projection horizontale de C, on obtient les points doubles eux-mêmes.

Dans le cas particulier où les surfaces S *et* S_1 *sont des quadriques*, les surfaces diamétrales sont des plans (t. II, n° 463); donc, *la ligne des points doubles est une droite.*

4° *Points les plus hauts et les plus bas, les plus à droite et les plus à gauche.* — Les points les plus hauts et les plus bas de la projection horizontale, par exemple, sont ceux où la tangente est parallèle à la ligne de terre. Dans l'espace, la tangente doit être de front. Pour qu'il en soit ainsi, il faut et il suffit que les plans tangents aux surfaces aient leurs frontales parallèles, ce que l'on reconnait à ce que les traces verticales sont parallèles.

Les points les plus à droite et les plus à gauche des deux projections sont caractérisés par la condition d'avoir une tangente perpendiculaire à la ligne de terre. Dans l'espace, en un tel point, la tangente est de profil. On peut dire aussi que le plan des normales doit être parallèle à la ligne de terre.

Ces points et les précédents sont intéressants en ce qu'ils limitent la courbe dans deux directions particulières de l'épure. Mais, leur importance n'est toutefois pas très grande. Au surplus, ils sont souvent très difficiles à déterminer.

9. **Branches infinies.** — A la liste des points remarquables, il convient d'ajouter *les points à l'infini de l'intersection*. La construction des branches infinies et des asymptotes correspondantes présente évidemment une importance capitale, au point de vue de la forme de la courbe.

Pour avoir les directions asymptotiques, on prend *l'intersection des cônes des directions asymptotiques des deux surfaces* (t. II, n° 239) *en donnant à ces cônes le même sommet*. Chaque génératrice commune G est une direction asymptotique. *Pour avoir l'asymptote correspondante*, on applique la méthode des plans tangents (n° 6), c'est-à-dire qu'*on prend l'intersection des plans asymptotes* aux deux surfaces correspondant à la direction G. On peut quelquefois simplifier cette dernière construction, en remplaçant les surfaces proposées par des surfaces plus simples qui leur sont asymptotes, c'est-à-dire tangentes tout le long de la courbe de l'infini. Il en est ainsi, en particulier, *lorsque les surfaces données sont des quadriques; on peut remplacer chacune d'elles par son cône asymptote*.

10. **Branches virtuelles.** — Supposons que les deux surfaces proposées aient un *plan de symétrie horizontal commun* H. Ce sera évidemment un plan de symétrie pour la courbe C. Deux points symétriques M et M' se projettent horizontalement au même point *m*. Tous les points de la projection horizontale doivent donc être considérés comme des points doubles apparents (n° 8).

Si le point M est imaginaire, le point M' est imaginaire conjugué et la droite qui les joint est réelle (t. II, n° 74). La trace de cette droite sur le plan horizontal, c'est-à-dire le point *m*, est également réelle. On voit donc qu'il peut exister des points réels de la projection horizontale ne correspondant à aucun point réel de la courbe de l'espace. Ces points constituent ce qu'on appelle des *branches virtuelles*. Ces branches ne doivent évidemment pas figurer dans l'épure terminée. Néanmoins, il peut être utile de les tracer au crayon, tout au moins en partie, afin de mieux guider les extrémités des branches réelles. En outre, il arrive que la projection horizontale complète est une conique (si la courbe dans l'espace est du quatrième degré). Dans ce cas, il y a lieu de déterminer les éléments de cette conique, parce qu'ils permettent facilement son tracé; et alors, on ne distingue pas, pour cette détermination, les branches virtuelles des branches réelles. En particulier, il est utile de savoir déterminer les *asymptotes des branches virtuelles*, auxquelles la méthode générale précédente ne s'applique pas, puisque les directions asymptotiques correspondantes de l'espace sont imaginaires. Voici la méthode qu'on peut alors appliquer.

Soit une direction asymptotique d d'une branche virtuelle. Tout plan vertical V, dont la trace horizontale δ est parallèle à d, coupe la courbe C en deux points à l'infini imaginaires conjugués. Pour que δ soit une asymptote, il faut et il suffit que V coupe C en quatre points à l'infini deux à deux imaginaires conjugués. On est donc ramené à trouver des plans verticaux coupant S et S_1 suivant des courbes ayant en commun deux ou quatre points à l'infini. Bornons-nous à indiquer la solution dans le *cas de deux quadriques*.

Pour avoir les directions asymptotiques, il faut chercher les plans verticaux V coupant les deux surfaces suivant deux coniques ayant mêmes points à l'infini, c'est-à-dire *suivant des coniques homothétiques* (t. II, n° 409). A cet effet, on peut remplacer chaque surface par une quadrique homothétique, par exemple par son cône des directions asymptotiques, lorsqu'il est réel. Pour mettre en évidence les deux plans cherchés, *on circonscrit ces deux quadriques* S' *et* S'_1 *homothétiques aux proposées à une troisième quadrique* Q. Elles se coupent alors suivant deux coniques (t. II, n° 492), dont les plans sont les plans V cherchés. On peut aisément démontrer que la quadrique Q existe toujours, en vertu de l'existence du plan de symétrie commun H. Quant à sa construction, elle n'est simple que dans le cas où les quadriques données sont de révolution; on peut alors prendre pour Q une sphère quelconque inscrite, par exemple, à S. Nous reviendrons, avec plus de détails, sur ce cas, au Chapitre V.

Une fois qu'on a obtenu une direction asymptotique d, pour avoir l'asymptote correspondante δ, il faut chercher un plan V parallèle à d, coupant S et S_1 suivant deux coniques ayant leurs quatre points d'intersection à l'infini, c'est-à-dire *suivant deux coniques homothétiques et concentriques*. A cet effet, on trace les deux diamètres conjugués du plan vertical passant par d, par rapport aux deux quadriques proposées. Ces deux diamètres se rencontrent en un certain point O (car ils sont tous deux dans le plan H, qui est diamétral conjugué des cordes verticales; *cf.* t. II, n° 464). Le plan V passant par ce point répond évidemment à la question, de sorte *qu'on a l'asymptote cherchée en menant une parallèle à* d *par la projection horizontale de* O.

11. Ponctuation. — Supposons que les surfaces S et S_1 limitent respectivement deux corps solides opaques [1]. Leur intersection étant supposée construite, on peut représenter l'une ou l'autre des trois combinaisons suivantes :

I. *Ensemble des deux solides.* — Voici les règles à suivre pour faire la ponctuation.

a. On ponctue les contours apparents des deux surfaces, ainsi que l'intersection C, en ne regardant comme vus que les points qui sont vus à la fois sur les deux surfaces.

b. On enlève [2] *les parties des contours apparents de chaque surface qui sont intérieures au corps solide limité par l'autre surface.*

II. *Partie de S extérieure à S_1. — a. On ponctue les contours apparents des deux surfaces, ainsi que l'intersection C, en ne s'occupant, pour la visibilité, que de S ; c'est-à-dire qu'un point est vu s'il est vu sur cette surface, quand bien même il serait caché sur S_1.*

b. On enlève les parties des contours apparents de S intérieures au corps solide limité par S_1, ainsi que les parties des contours apparents de S_1 extérieures au corps solide limité par S.

c. On trace en trait plein certaines fractions de lignes, qui étaient primitivement cachées sur S, mais qui font maintenant partie du contour apparent, au titre de lignes d'arrêt (n° 3), *par suite de la suppression de certaines parties de S.*

III. *Solide commun. — a. On ponctue les contours apparents des deux surfaces, ainsi que l'intersection C, en regardant comme vu tout point qui est vu sur l'une ou l'autre des deux surfaces.*

b. On enlève les parties des contours apparents de chaque surface extérieures au corps solide limité par l'autre.

c. On trace en trait plein certaines fractions de lignes qui

---

[1] C'est la convention habituellement adoptée. On peut aussi supposer que les deux surfaces sont réalisées matériellement, avec une épaisseur infiniment petite, en les considérant, en outre, soit comme opaques, soit comme transparentes.

[2] On les trace habituellement en trait mixte fin.

deviennent vues, comme faisant partie du nouveau contour apparent, ainsi qu'il a été expliqué pour le cas II.

Dans l'application pratique de ces règles, il est nécessaire d'esquisser la ponctuation au crayon, avant la mise à l'encre définitive, à cause de la règle *c* des cas II et III. Si l'on ne prend pas cette précaution, on s'expose à tracer en pointillé des portions de lignes qu'il faut ensuite tracer en trait plein. D'ailleurs, la ponctuation est toujours une opération assez délicate, pour qu'il ne soit pas inutile de l'arrêter avec soin au crayon, avant de la passer définitivement à l'encre.

Les règles que nous venons de donner ont simplement pour but de faciliter la besogne. Elles peuvent être inutiles pour ceux qui voient aisément dans l'espace et qui peuvent se figurer tout de suite l'aspect définitif de la combinaison de corps solides qu'il s'agit de représenter. Mais, pour cela, il faut avoir une grande imagination visuelle ; aussi, croyons-nous qu'il est toujours prudent d'appliquer les règles, sauf si l'épure est excessivement simple.

CHAPITRE II.

POLYÈDRES, PRISMES ET PYRAMIDES.

12. Polyèdres. — Un polyèdre se représente par les projections de ses arêtes.

Dans le cas d'un *polyèdre convexe*, la ponctuation des arêtes, ainsi que de toute figure tracée sur la surface, est facilitée par les théorèmes suivants :

Théorème I. — *Si un point* M *intérieur à une face* F *est vu ou caché, il en est de même pour tous les points de cette face, sauf peut-être pour certains points du périmètre.*

En effet, remarquons d'abord qu'en vertu de la convexité du polyèdre, toute demi-droite qui en sort n'y rentre jamais. Il en résulte que si un point M de la surface est caché, en projection horizontale par exemple, le point M' situé à une distance infiniment petite au-dessus de lui est intérieur au polyèdre, car, s'il ne l'était pas, la demi-verticale ascendante issue de M serait tout entière extérieure et le point M serait vu.

Cela posé, prenons, à l'intérieur de F, une aire A comprenant M et dont le périmètre P soit très voisin du périmètre Q de F, *tout en n'ayant avec lui aucun point commun*. Prenons ensuite, à la distance ε au-dessus de A et de M, l'aire A' et le point M'. Si ε est assez petit, l'aire A' est tout entière intérieure ou tout entière extérieure au polyèdre, car, si le plan de A' rencontre la surface du polyèdre, ce ne peut être que suivant une ligne L qui tend vers Q, quand ε tend vers zéro et qui finit, par conséquent, par envelopper complètement A'.

Dès lors, si M est caché, M' est intérieur au polyèdre et, par suite, aussi toute l'aire A' : d'où il résulte que toute l'aire A est cachée. Si, au contraire, M est vu, M' est extérieur au polyèdre, donc aussi A' et toute l'aire A est vue.

Notre raisonnement est valable si voisin que P soit de Q, pourvu qu'il n'ait avec lui aucun point commun. Donc, toute la face F est vue ou cachée en même temps que M, à l'exception peut-être de certaines parties de Q.

C. Q. F. D.

Théorème II. — *Si un point N du périmètre Q est caché, il en est de même de F.*

En effet, nous pouvons trouver, au-dessus de N, un point N' intérieur au polyèdre. Tout autour de ce point, nous pouvons prendre une petite aire horizontale a intérieure, elle aussi, au polyèdre. Nous pouvons ensuite choisir, *à l'intérieur* de F, un point M qui soit au-dessous d'un point de a et qui soit, par conséquent, caché. Nous sommes, dès lors, ramenés au théorème I.

Théorème III. — *Si un point N du périmètre Q est vu et ne fait pas partie du contour apparent, la face F est vue.*

En effet, reprenons la démonstration précédente, en supposant, cette fois, l'aire a extérieure et, en outre, ce qui est permis en vertu de la convexité du polyèdre, à une distance infiniment petite au-dessus de N. Si F était cachée, on pourrait y prendre un point M caché et au-dessous d'un point M' de a. Comme M' est extérieur au polyèdre, la verticale MM' sortirait nécessairement du solide en un point M'' compris entre M et M', et, par suite, infiniment voisin de M. Comme on peut supposer M aussi voisin qu'on le veut de N, on voit que la corde MM' tendrait vers zéro, quand M tendrait vers N. Ce dernier point appartiendrait donc bien au contour apparent. C. Q. F. D.

13. Intersection d'une droite et d'un polyèdre. — On cherche successivement les intersections de la droite avec toutes les faces du polyèdre, problème élémentaire que l'on sait résoudre, en coupant, par exemple, par un plan auxiliaire quelconque contenant la droite. Si le polyèdre est convexe, le nombre des points d'intersection est égal à zéro ou à deux.

Pour ponctuer, on représente, par exemple, la partie de la droite extérieure au polyèdre. A cet effet, on enlève tous les segments intérieurs au polyèdre [1]. Puis, on ponctue tous les segments restants, en remarquant que, pour chacun d'eux, la ponctuation ne peut changer qu'en traversant une arête de contour apparent; de sorte qu'il suffit, pour être fixé, de prendre un point quelconque du segment et de rechercher s'il est vu ou caché [2].

14. Intersection de deux polyèdres. — Pour trouver l'intersection de deux polyèdres P et P_1, on peut chercher les *intersections des*

---

[1] C'est-à-dire qu'on les trace en trait mixte (n° 11).

[2] Pour cela, on coupe le polyèdre par la verticale du point et l'on regarde si celui-ci se trouve au-dessus de tous les points d'intersection, auquel cas il est vu.

faces de l'un avec les faces de l'autre ou bien chercher les *points de rencontre des arêtes de* P *avec les faces de* P_1 *et des arêtes de* P_1 *avec les faces de* P. La première méthode est généralement plus simple, parce que le nombre des faces est inférieur au nombre des arêtes. Quelle que soit la méthode adoptée, il faut bien prendre garde de n'oublier aucune des combinaisons de faces ou bien de faces et d'arêtes susceptibles de donner quelque chose dans l'intersection. A cet effet, il est bon de préparer un tableau où figurent toutes les combinaisons de faces, par exemple. Puis, on marque du signe — toutes celles qui ne donnent rien ([1]), en indiquant, pour les autres, les segments obtenus, au fur et à mesure qu'ils sont construits.

Jonction des points. — L'intersection est constituée par une ou plusieurs lignes brisées, dont les côtés sont donnés par la première des méthodes ci-dessus et les sommets par la seconde. La limitation des côtés et la jonction des sommets exigent une assez grande attention et doivent être effectuées avec méthode. En particulier, si l'on a seulement déterminé les sommets, il faut prendre garde de ne pas joindre deux sommets non consécutifs, c'est-à-dire situés dans deux faces différentes de l'un des polyèdres, en dehors de l'arête intersection de ces faces.

Pour être sûr de ne pas se tromper, on peut suivre la marche suivante : On part de l'intersection D d'une face F de P avec une face F_1 de P_1. On y prend un point M, qui soit intérieur à la fois aux deux faces. Puis, partant de ce point, on suit la droite D jusqu'à ce qu'on rencontre une arête A appartenant à l'une des deux faces, soit, par exemple, à F. A partir de ce moment, on quitte la face F, pour passer sur la face consécutive F′ de P, tout en restant sur la face F_1. On suit alors l'intersection de ces deux faces, jusqu'à ce qu'on rencontre une nouvelle arête et ainsi de suite. On continue de la sorte jusqu'à ce qu'on ait suivi tous les côtés ou passé par tous les sommets.

Il peut se faire, toutefois, que le polygone se ferme avant qu'on soit arrivé à ce résultat. Dans ce cas, on recommence, en partant d'un des côtés restants et ainsi de suite jusqu'à épuisement complet de tous les côtés et sommets.

([1]) On peut marquer, *a priori*, du signe — toute combinaison de deux faces *qui n'ont aucun point commun dans l'une au moins des deux projections.*

Une autre circonstance particulière qui peut se présenter est celle où le côté D sort simultanément de F et de F_1, en un point N appartenant à une arête A de P et à une arête A_1 de P_1. Il y a alors quatre côtés qui partent de ce point, à savoir les intersections des deux faces F et F′ adjacentes à A avec les deux faces F_1 et F'_1 adjacentes à A_1. Le premier, D, est seul tracé, de sorte qu'on peut continuer le parcours du polygone en suivant indifféremment l'un ou l'autre des trois autres côtés, c'est-à dire en quittant l'une ou l'autre des faces F, F_1 ou en les quittant toutes deux. Quelle que soit la combinaison adoptée, les deux côtés restants sont parcourus, cette fois sans ambiguïté, à un deuxième passage au point N.

Ponctuation. — On commence par déterminer séparément, pour chaque polyèdre, la liste des faces vues dans chaque projection. Puis, on suit les règles du n° 11.

15. Prismes et pyramides. — Les prismes et pyramides sont des polyèdres ; on peut donc leur appliquer tout ce qui vient d'être dit dans ce Chapitre. En particulier, on peut appliquer à une pyramide les théorèmes I et II du n° 12, toutes les fois que la base est un polygone convexe, mais à condition toutefois de ne considérer qu'une nappe de la pyramide, c'est-à-dire de ne pas prolonger les arêtes de l'autre côté du sommet. Cette restriction est évidemment inutile dans le cas d'un prisme.

Pour les problèmes d'intersection, tout en restant dans le cadre des généralités précédemment développées, il y a lieu de signaler les méthodes particulières suivantes.

Pour trouver l'*intersection d'une droite et d'une pyramide*, on coupe par un *plan auxiliaire contenant la droite et le sommet* S de la pyramide. (Si l'on a affaire à un prisme, on le considère comme une pyramide dont le sommet est à l'infini, c'est-à-dire que le plan auxiliaire doit être parallèle aux génératrices du prisme.) Ce plan coupe le polygone de base en des points que l'on joint à S. Les droites obtenues coupent la droite donnée aux points cherchés.

16. Intersection de deux pyramides. — Soient deux pyramides P et P_1, de sommets S et S_1 et de bases B et B_1. Pour construire leur intersection, on emploie la seconde des méthodes indiquées au n° 14, c'est-à-dire qu'on cherche les points de rencontre des arêtes de chaque pyramide avec les faces de l'autre.

A cet effet, *on coupe les deux pyramides par une série de plans auxiliaires* A, *passant tous par la ligne des sommets* SS_1 *et menés successivement par toutes les arêtes des deux pyramides.* Supposons, par exemple, que le plan **A** soit mené par l'arête Sm de P. Il coupe la base B_1 en un certain nombre de points m_1, n_1, etc. Joignons ces points au sommet S_1 ; nous obtenons des droites qui rencontrent Sm en autant de points qui sont des sommets de la ligne polygonale d'intersection (*fig.* 1).

Fig. 1.

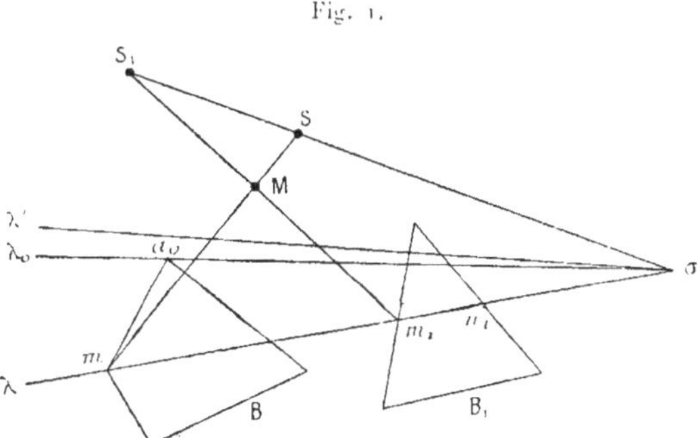

Remarque I. — Cette méthode est, en somme, la méthode générale des surfaces auxiliaires exposée au n° 6.

Remarque II. — On peut dire qu'on a cherché l'intersection de la droite Sm avec P_1, en suivant la méthode indiquée au numéro précédent.

Remarque III. — Si, comme il arrive fréquemment, les bases des deux pyramides sont données dans un même plan Q, *la trace* $\sigma\lambda$ *du plan auxiliaire* A *sur ce plan passe par un point fixe* σ, *trace de la ligne des sommets.*

Si les bases sont dans des plans différents Q et Q_1, ils sont percés par la ligne des sommets en *deux points* σ *et* σ_1, *par lesquels passent respectivement les traces de* A *sur* Q *et sur* Q_1. Les traces homologues $\sigma\lambda$ et $\sigma_1\lambda_1$ *se rencontrent en un point variable* μ *de l'intersection* D *des plans* Q *et* Q_1 (*fig.* 2).

Remarque IV. — Si P_1 est un prisme, S_1 est à l'infini ; la ligne des sommets est la *parallèle aux arêtes du prisme menée par le sommet de la pyramide.*

Si P et P_1 sont des prismes, la ligne des sommets est rejetée à l'infini; *les plans auxiliaires sont parallèles aux arêtes des deux prismes.* Leurs traces sur le plan de base Q, par exemple, sont parallèles à une direction fixe δ, obtenue en menant par un point quelconque de l'espace des parallèles aux arêtes des deux prismes et joignant les traces de ces parallèles sur le plan Q.

Fig. 2.

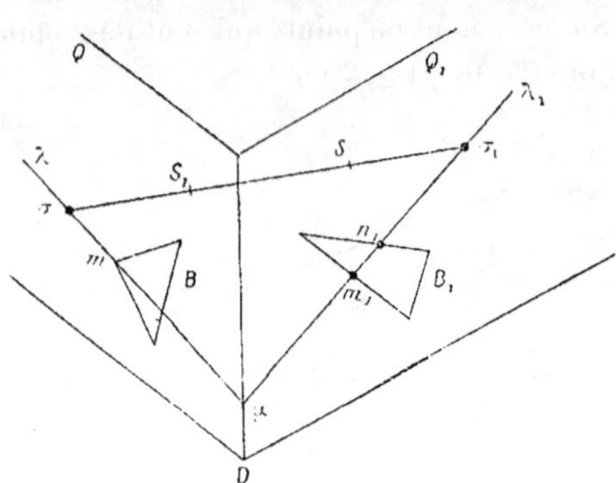

17. **Plans limites.** — Pour plus de simplicité, supposons que les deux bases soient dans un même plan Q. Pour qu'un plan auxiliaire A donne quelque chose dans l'intersection, il faut et il suffit que sa trace $\sigma\lambda$ sur Q coupe à la fois les deux bases B et B_1. Dès lors, la trace $\sigma\lambda_0$ d'un plan limite est caractérisée par la condition qu'*on peut trouver une droite infiniment voisine $\sigma\lambda'$ passant par σ et ne coupant plus l'une des bases*, tandis que $\sigma\lambda_0$ continue à les couper toutes deux (*fig.* 1). La base qui cesse d'être coupée par $\sigma\lambda'$ a nécessairement un sommet a_0 sur $\sigma\lambda_0$. On dit que le plan $\sigma\lambda_0$ est *limite pour la pyramide correspondante* (*cf.* n° 7). Il peut arriver qu'un plan soit *limite à la fois pour les deux pyramides.* Dans ce cas, $\sigma\lambda_0$ passe à la fois par un sommet de B et par un sommet de B_1. *Les arêtes qui aboutissent à ces deux sommets se rencontrent* (*fig.* 3).

Il est toujours très facile d'obtenir les plans limites. Il suffit de faire tourner une droite, d'une manière continue, autour du point σ.

Dès qu'elle cesse de rencontrer une des bases, elle donne une trace de plan limite.

Fig. 3.

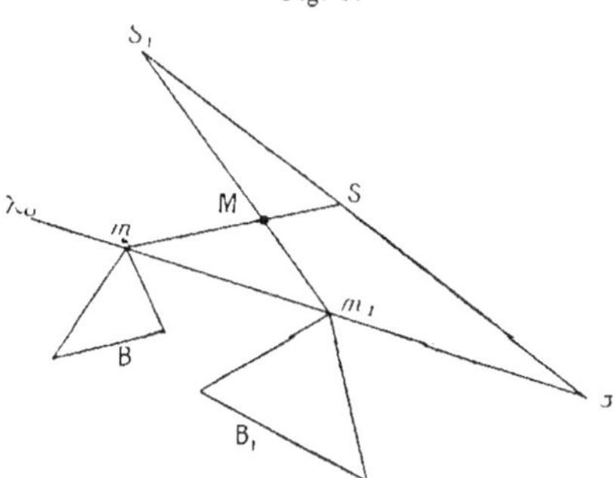

Dans le cas où les plans de base sont différents, on procède d'une manière analogue, au moyen des traces $\lambda\sigma\mu$ et $\lambda_1\sigma_1\mu$.

18. **Jonction des points.** — Quand on a obtenu tous les sommets du polygone d'intersection, on effectue leur jonction systématique de la manière suivante.

On part de l'un quelconque d'entre eux M. On prend les points correspondants m et m_1 des deux bases. Puis, on fait parcourir par ceux-ci leurs polygones de bases respectifs, en les assujettissant à se trouver constamment dans un même plan auxiliaire, c'est-à-dire sur une même trace $\sigma\lambda$ ou sur des traces homologues $\sigma\lambda\mu$, $\sigma_1\lambda_1\mu$. Chaque fois que l'un d'eux passe par un sommet de la base qu'il décrit, on trouve, sur l'arête aboutissant à ce sommet, un sommet du polygone d'intersection; on le numérote, en faisant succéder les numéros consécutifs dans l'ordre naturel.

Lorsque le point m, par exemple, arrive à un plan qui est limite pour P_1 et non pour P, il doit rebrousser chemin sur la base B, le point m_1 continuant à parcourir B_1 dans le même sens. Si le plan est limite à la fois pour P et pour P_1, il y a trois manières de continuer la jonction : on peut faire rebrousser chemin à m, ou bien à m_1, ou bien à ni l'un ni l'autre. (On se trouve alors dans le cas de rencontre de deux arêtes signalé au n° 14.)

Quand on retombe sur le point M de départ, cela indique la fermeture du polygone. En général, si l'on veut continuer le parcours, on décrit nécessairement le polygone déjà parcouru. Dans ce cas, s'il reste des points non numérotés, on prend l'un quelconque d'entre eux comme nouveau point de départ et l'on recommence ainsi jusqu'à épuisement complet de tous les points.

Il peut arriver qu'en retombant sur le point M de départ, on puisse continuer le parcours, sans retrouver des sommets déjà numérotés de l'intersection. Cela indique que le point M est un point de rencontre de deux arêtes, c'est-à-dire que le plan auxiliaire correspondant est limite à la fois pour les deux pyramides. Quatre côtés sont issus de ce point ; deux d'entre eux viennent d'être parcourus, on s'engage sur l'un quelconque des deux qui restent et, lorsqu'on revient de nouveau au point M, c'est en parcourant le quatrième côté. A ce moment-là, le polygone est définitivement fermé et, s'il reste des sommets non numérotés, il faut prendre l'un d'eux comme nouveau point de départ, ainsi qu'il a été expliqué précédemment.

Quand tous les sommets sont numérotés, on les joint dans l'ordre des numéros.

19. Pénétration et arrachement. — Supposons les *deux bases convexes*. On dit qu'il y a *arrachement* lorsque l'intersection ne comprend qu'un seul polygone. On dit, au contraire, qu'il y a *pénétration* lorsqu'elle se compose de deux polygones fermés. Dans ce dernier cas, il y a une des pyramides, P par exemple, qui pénètre dans l'autre, en y faisant un trou, dont les deux polygones bordent les deux ouvertures. Chaque arête de P rencontre chaque polygone en un seul point ; au contraire, chaque arête de P_1 rencontre un seul des deux polygones en deux points ou bien ne les rencontre ni l'un ni l'autre.

On peut donner des règles permettant de reconnaître, *a priori*, par la disposition des plans limites, dans quel cas on se trouve. Mais, cela n'a pas un grand intérêt pratique, car on s'en aperçoit toujours, en faisant la jonction des points.

20. Ombres. — Quand un polyèdre *convexe* est éclairé par une source lumineuse L, chacune de ses faces F est *ou bien totalement éclairée ou bien totalement dans l'ombre*, sauf peut-être les arêtes qui la limitent. Cela résulte du théorème I du n° 12, qui s'applique évidemment pour une projection conique.

De même, en vertu du théorème II, *si un point du périmètre de F est dans l'ombre, il en est de même de toute cette face*. En vertu du théorème III, *si un point du périmètre est éclairé et n'appartient pas à la ligne d'ombre propre, toute la face est éclairée.*

La *ligne d'ombre propre* est constituée par l'ensemble des arêtes qui séparent les faces éclairées des faces dans l'ombre.

Le *cône d'ombre* est une pyramide ayant pour sommet L et s'appuyant sur la ligne d'ombre. En prenant sa trace sur un plan, on a l'ombre portée par le polyèdre sur ce plan. En prenant son intersection avec un autre polyèdre, on a l'ombre portée par le premier sur le second. Si l'ombre est au soleil, la pyramide est un prisme.

CHAPITRE III.

CÔNES ET CYLINDRES.

21. Point courant et plan tangent en ce point. — Un cône est habituellement défini par son *sommet* S et par une *courbe directrice* C ou par une *surface inscrite* Σ. Lorsque la courbe C est plane, elle porte plus spécialement le nom de *base*.

Pour trouver un point quelconque, on prend une génératrice quelconque G, obtenue en joignant S à un point quelconque N de C ou en menant par S une tangente quelconque à Σ. Puis, on prend, sur G, un point quelconque M. Pour avoir le plan tangent en ce point, on se rappelle qu'il est le même tout du long de G et l'on prend le plan tangent à Σ en son point de contact avec G, ou bien le plan tangent en N, lequel est déterminé par la tangente en N à C et la droite G [1].

22. Problèmes sur les plans tangents. — Problème I. — *Mener les plans tangents à un cône par un point donné* P.

Tout plan tangent passant par le sommet, on est ramené à *mener par* SP *les plans tangents à* C *ou à* Σ. Bornons-nous à indiquer la construction dans le *cas de la base plane*.

On prend la trace Q de SP sur le plan de base; puis, on mène, par ce point, les tangentes à la base. Chacune de ces tangentes détermine, avec la génératrice aboutissant à son point de contact, un des plans tangents cherchés.

Lorsque le point P est à l'infini, le problème consiste à mener les *plans tangents parallèles à une droite donnée*. La solution précédente n'est nullement modifiée.

---

[1] Cette construction est en défaut lorsque les deux droites sont confondues. Le plan tangent est alors le plan osculateur en N à C. (*Cf.*, n° 1.)

Lorsque le point S est à l'infini, le cône devient un *cylindre*. La solution générale convient toujours. Signalons seulement que, si P est en même temps à l'infini, c'est-à-dire s'il s'agit de *mener au*

Fig. 4.

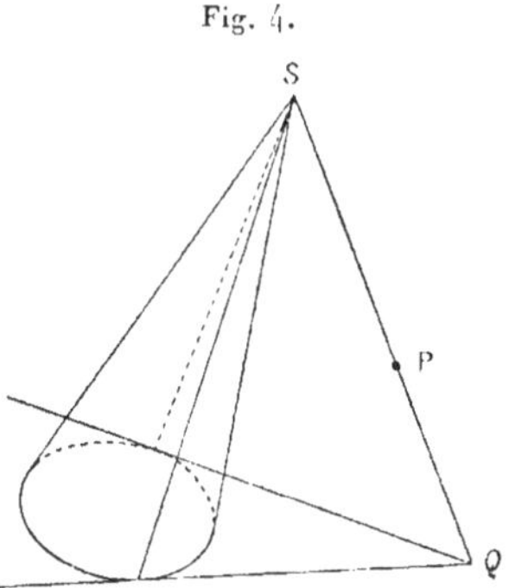

cylindre les plans tangents parallèles à une droite D, on mène, par un point quelconque de l'espace, une parallèle à cette droite et une parallèle aux génératrices du cylindre; on prend la trace de leur plan sur le plan de base et l'on mène des tangentes à la base parallèles à cette trace.

23. **Applications**. — I. *Contours apparents*. — Pour avoir le contour apparent horizontal, il faut *chercher les plans tangents verticaux* (n° 4). Leurs génératrices de contact constituent le contour apparent dans l'espace et les projections horizontales de ces génératrices constituent le contour apparent en projection.

D'après la solution précédente, on doit mener la verticale qui passe par le sommet S, prendre sa trace sur le plan de base et, par cette trace, mener les tangentes à la base. Les génératrices aboutissant aux points de contact sont les génératrices de contour apparent. Si le plan de base n'est pas vertical, les projections horizontales de ces génératrices coïncident évidemment avec les projections des tangentes ci-dessus, c'est-à-dire avec les *tangentes à la projection horizontale de la base menées par la projection horizontale du sommet*. Ceci est d'ailleurs une conséquence du théorème II du n° 2. Ledit théorème prouve aussi que la même construction s'applique dans le cas où la directrice C n'est pas plane.

Si la courbe C est dans un plan vertical, on doit lui mener des tangentes verticales, ce qui se fait au moyen de la projection verticale. Puis, on joint toujours les points de contact au sommet. Si le cône est défini par une surface inscrite Σ, on mène, par la projection horizontale s du sommet, les *tangentes au contour apparent horizontal de* Σ, conformément au théorème III, du n° 2.

Tout ce que nous venons de dire pour le contour apparent horizontal se répète pour le contour apparent vertical, en échangeant simplement les rôles du plan horizontal et du plan vertical.

Sur la figure 5, nous avons indiqué la construction des contours

Fig. 5.

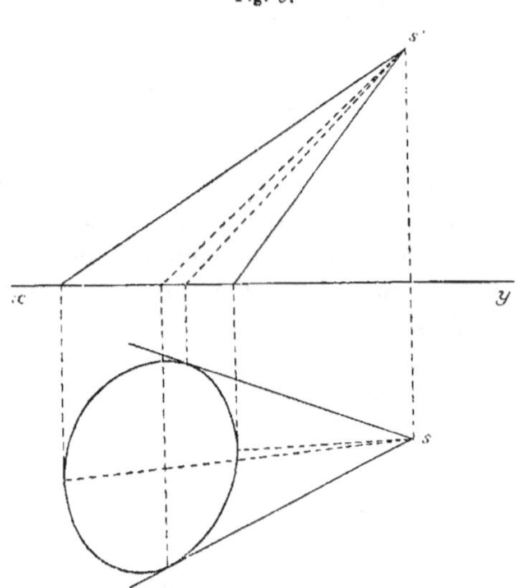

apparents d'un cône, dont la base est dans le plan horizontal. Nous avons tracé en pointillé la projection verticale du contour apparent horizontal et la projection horizontale du contour apparent vertical.

II. *Ombres.* — Si le point P envisagé plus haut est une source lumineuse, les génératrices de contact des plans tangents sont les *génératrices d'ombre propre.* Les traces des plans tangents sur un des plans de projection délimitent l'*ombre portée* sur ce plan, qui est donc constituée par un angle ayant pour sommet la trace de la droite SP.

24. PROBLÈME II. — *Reconnaître si deux cônes ont un plan tangent commun et trouver ce plan.* — Si deux cônes, de sommets S et S_1, ont un plan tangent commun Q, ce plan doit passer par chacun des sommets. On est ainsi conduit à *mener à l'un des cônes les plans tangents qui passent par le sommet de l'autre.* En général, aucun de ces plans n'est tangent, en même temps, au deuxième cône, de sorte que le problème ne comporte pas de solution. Quoi qu'il en soit, il est toujours facile de reconnaître si cette solution existe, puisque nous savons résoudre le problème I. En particulier, si les deux cônes ont leurs bases dans un même plan, il suffit de voir si l'on peut mener, par la trace de SS_1 sur ce plan, une tangente commune aux deux bases.

Signalons quelques cas particuliers évidents où le problème est certainement possible.

1° *Les deux cônes ont même sommet.* — Il suffit de prendre leurs bases dans un même plan et de mener les tangentes communes à ces deux bases. Chacune d'elles détermine, avec le sommet commun, un des plans demandés.

2° *Les deux cônes ont même courbe directrice ou même surface inscrite.* — Il suffit de mener, par la ligne des sommets, les plans tangents à cette ligne ou à cette surface.

3° *Les deux cônes sont homothétiques.* — Ce cas rentre dans le précédent, car les deux cônes ont même base dans le plan de l'infini (t. II, n° 407). Si l'on prend leurs bases dans un même plan, on obtient deux courbes homothétiques par rapport à la trace de la ligne des sommets. Toute tangente menée par cette trace à l'une des bases est aussi tangente à l'autre base et détermine, avec la ligne des sommets, un plan tangent commun.

Nous laissons au lecteur le soin d'examiner les cas particuliers où l'un des cônes ou les deux deviennent des cylindres.

PROBLÈME III. — *Mener à deux cônes des plans tangents parallèles.* — Soient les deux cônes C et C_1, de sommets S et S_1 et soient P et P_1 deux plans parallèles qui leur sont respectivement tangents. Menons le cône C' homothétique de C et de sommet S_1. Celui de ses plans tangents qui est homologue de P n'est autre que P_1. On aura donc ce dernier plan en menant les plans tangents communs aux cônes C_1 et C', qui ont même sommet. On est ramené au problème II, cas 1°.

Si l'un des cônes, C par exemple, devient un cylindre, la construction précédente ne s'applique pas. Mais, on est alors ramené à *mener au cône un plan tangent parallèle aux génératrices du cylindre.*

Si les deux cônes sont des cylindres, on doit mener à chacun d'eux des plans tangents parallèles aux génératrices de l'autre.

PROBLÈME IV. — *Mener une normale commune à deux cônes.* — Il suffit de leur mener deux plans tangents parallèles, puis de mener la perpendiculaire commune aux deux génératrices de contact.

25. Intersection d'un cône avec une droite. — *On coupe le cône par le plan déterminé par la droite* D *et le sommet* S *du cône* (*cf.* n° 15 et t. II, n° 379). Puis, on prend les points de rencontre de D avec les génératrices d'intersection.

Pour construire pratiquement ces dernières, dans le cas où l'on connaît une directrice C, on cherche les points de rencontre de cette ligne avec le plan auxiliaire et l'on joint ces points à S. En particulier, si C est une base, on prend ses points de rencontre avec la trace du plan auxiliaire sur son plan.

Si le cône est défini par une surface inscrite, on considère la courbe d'intersection de cette dernière avec le plan auxiliaire et l'on mène à cette courbe les tangentes issues de S.

Application. — *Connaissant une projection d'un point d'un cône, trouver l'autre.* — Si l'on connaît, par exemple, la projection horizontale *m*, on est ramené à *trouver l'intersection du cône avec la verticale du point m.*

26. Section plane d'un cône. — Soit à construire l'intersection d'un cône C, de sommet S, avec un plan donné P.

On obtient *le point courant* M, en prenant une génératrice quelconque G du cône et construisant son intersection avec P. Pour avoir *la tangente* MT *en ce point*, on prend l'intersection du plan tangent au cône le long de G avec le plan P (n° 6).

Les points sur les contours apparents sont obtenus en prenant successivement pour G toutes les génératrices de contour apparent.

Les directions asymptotiques sont les génératrices d'intersection du cône avec le plan parallèle à P mené par S (n° 9). Ayant l'une d'elles G, on a *l'asymptote correspondante* par la construction habituelle de la tangente, c'est-à-dire en prenant l'intersection du plan tangent le long de G avec le plan P.

Dans le *cas où le cône est un cylindre*, on a les asymptotes en prenant les intersections de P avec les plans asymptotes. Si l'un de ceux-ci est rejeté à l'infini, la section a une branche parabolique, dont on obtient la direction en construisant l'intersection de P avec le plan des directions asymptotiques du cylindre.

27. Voici maintenant quelques problèmes qu'on peut se poser relativement à la section plane.

PROBLÈME I. — *Trouver les points de rencontre de la section avec une droite* D *quelconque du plan sécant.* — On est ramené au problème du n° 25.

Si l'on veut les *points de rencontre de la projection horizontale*, par exemple, avec une droite *d* donnée, il suffit de prendre, pour D, la droite du plan sécant qui se projette horizontalement en *d*.

PROBLÈME II. — *Mener les tangentes à la section par un point donné* M *du plan* P. — Ces tangentes déterminent, avec le sommet S, les plans tangents au cône menés par M. Or, nous savons construire ces plans (n° 22). En prenant leurs intersections avec P, nous aurons les tangentes demandées.

En prenant M à l'infini, on sait construire *les tangentes parallèles à une direction donnée* du plan sécant.

On sait résoudre le même problème *en projection*, en prenant, pour M, le point de P projeté au point donné.

APPLICATIONS. — I. *Trouver les points les plus hauts et les plus bas des deux projections.* — Par exemple, pour trouver les points à tangente horizontale de la projection horizontale, on construit les *tangentes à la section parallèles aux frontales du plan sécant.*

II. *Trouver les points les plus à droite et les plus à gauche.* — Cela revient à mener à la section les *tangentes parallèles aux droites de profil du plan sécant.*

28. Section plane d'un cône du second degré. — Si le cône C est du second degré, la section est une conique Γ, ainsi que ses deux projections γ et γ'. Il est utile de savoir déterminer leurs éléments.

GENRE. — On le déduit de la recherche des directions asymptotiques (n° 26). Si le plan Q parallèle à P mené par S coupe le cône suivant deux génératrices distinctes, Γ est une hyperbole, ainsi, par suite, que ses deux projections. Si Q est tangent au cône, Γ est une parabole. Enfin, si Q ne coupe pas le cône, Γ est une ellipse.

SECTION HYPERBOLIQUE. — C'est le cas le plus avantageux au point de vue de la simplicité des constructions.

On commence par construire les asymptotes, comme il a été indiqué au n° 26. Il suffit ensuite de construire *un point quelconque*, pour avoir tous les éléments nécessaires pour la construction de l'hyperbole (t. II, n° 541).

Si l'on veut *les axes*, on prend les bissectrices des asymptotes, soit dans le plan P, soit en projection. On a ensuite *les sommets* par application du problème I, du n° 27.

SECTION PARABOLIQUE. — La génératrice G de contact du plan Q avec le cône donne *la direction de l'axe*, aussi bien dans le plan P que dans chaque projection. En menant la perpendiculaire, on a la direction de *la tangente au sommet*, laquelle tangente est ensuite obtenue par application du problème II, du n° 27. En menant, par son point de contact, la parallèle à G, *on obtient l'axe*. Il suffit ensuite de construire un point quelconque de la parabole (n° 143).

SECTION ELLIPTIQUE. — C'est le cas le plus difficile. Les directions asymptotiques sont imaginaires et l'on ne peut en déduire, comme précédemment, les directions des axes. Voici deux méthodes permettant de déterminer ceux-ci.

Première méthode. — On construit *deux diamètres conjugués*, en menant les tangentes parallèles à une direction quelconque, puis les tangentes parallèles à la droite joignant les points de contact des deux précédentes. (On peut, par exemple, utiliser les tangentes parallèles ou perpendiculaires à la ligne de terre; *cf.* Applications I et II du n° 27.) Ayant deux diamètres conjugués, on sait en déduire les axes (n° 142).

Deuxième méthode. — Supposons le cône défini par une base B, dans un plan R quelconque. Soit D l'intersection de R et de Q. Cette droite rencontre B en deux points imaginaires I et J. Les droites SI, SJ sont conjuguées harmoniques par rapport à tout système de deux droites menées par S parallèlement à deux diamètres conjugués de la section. Cela posé, supposons, par exemple, qu'on veuille construire les axes de la projection horizontale. Ces axes sont les projections de deux diamètres conjugués; donc, si on leur mène des parallèles *sa*, *sa'* par la projection horizontale du sommet, on obtient deux droites conjuguées harmoniques par rapport aux droites *si*, *sj*, projections de SI, SJ. Ces droites *sa*, *sa'* sont les rayons rectangulaires de l'involution dont les rayons doubles sont *si*, *sj* (t. II, n° 143). On a d'ailleurs deux couples de rayons homologues en prenant, sur D, deux points quelconques M, N et les points de rencontre M', N' de D avec leurs polaires par rapport à B. Les projections de SM, SM' et de SN, SN' sont les couples en question. On est maintenant ramené au problème suivant : *construire les rayons rectangu-*

laires d'une involution déterminée par deux couples de rayons homologues, dont la solution résulte visiblement du théorème V (t. II, n° 567), en traçant un cercle quelconque passant par *s*.

Signalons un cas particulier où la construction est assez simple. C'est celui où la base est un cercle dans le plan horizontal. Les droites rectangulaires *sa*, *sa'* doivent rencontrer D en deux points *a*, *a'* conjugués par rapport au cercle B. Dès lors, le cercle Γ de diamètre *aa'* doit être orthogonal au cercle B. D'autre part, l'angle $\widehat{asa'}$ étant droit, ce cercle doit passer par *s*. Son centre se trouve donc sur l'axe radical du cercle B et du cercle-point *s*. En prenant l'intersection E de cet axe radical avec D, puis portant les longueurs E*a*, E*a'* égales à E*s* et joignant enfin *sa*, *sa'*, on a les directions des axes.

Une fois connues les directions des axes, on mène les tangentes perpendiculaires (problème II, n° 27), et l'on a les tangentes aux sommets, les sommets et les axes.

Toutes ces constructions, sauf la dernière, s'appliquent sans modification lorsque le cône est un cylindre.

29. **Intersection de deux cônes.** — On coupe par des *plans auxiliaires passant par la ligne des sommets* SS_1. (C'est la même méthode que pour l'intersection de deux pyramides : n° 16. D'ailleurs, une pyramide peut être considérée comme un cône à base polygonale.) Un tel plan P coupe chaque cône suivant un certain nombre de génératrices. Le point de rencontre M d'une génératrice G du premier cône avec une génératrice G_1 du second est *un point quelconque* de la courbe C d'intersection. Pour construire *la tangente en ce point*, on applique la méthode des plans tangents (n° 6), c'est-à-dire qu'on prend l'intersection des plans tangents le long de G et de G_1.

Lorsque les deux cônes sont donnés par des bases B et B_1, on construit une fois pour toutes les traces σ et σ_1 de SS_1 sur les plans Q et Q_1 de ces bases. Les traces des plans auxiliaires passent par ces points fixes et se coupent constamment sur l'intersection D de Q et de Q_1. Nous n'insistons pas davantage sur ces détails de constructions, qui ont été déjà développés à propos de l'intersection de deux pyramides (n° 16).

Signalons seulement que, pour la construction de la tangente, il est quelquefois commode de considérer les plans tangents comme deux cônes de sommets S et S_1 et de leur appliquer la méthode ci-dessus, c'est-à-dire de les couper par un plan auxiliaire passant par SS_1.

30. Plans limites. — Les plans limites sont les *plans auxiliaires tangents à l'un ou l'autre des deux cônes.* On les obtient en menant par σ les tangentes à B et par σ_1 les tangentes à B_1 et ne conservant des premières, par exemple, que celles auxquelles correspondent des plans auxiliaires coupant B_1.

Signalons le cas particulier où un plan est *limite à la fois pour les deux cônes.* C'est un plan tangent commun; donc, *les deux cônes sont tangents* en un point M situé à la rencontre des deux génératrices de contact. Nous savons que ce point est un *point double* de l'intersection (n° 6) et nous savons déterminer les tangentes en ce point.

A propos de ces tangentes, nous allons démontrer le théorème suivant, qui s'applique toutes les fois qu'on a affaire à deux surfaces développables :

Théorème. — *Les tangentes au point double sont conjuguées harmoniques par rapport aux deux génératrices de contact.*

En effet, les indicatrices forment un parallélogramme, dont les côtés sont parallèles aux génératrices de contact (t. II, n° 574) et dont les diagonales sont les tangentes considérées. Le théorème est, dès lors, évident.

31. Jonction des points. — La règle est exactement la même que pour deux pyramides (n° 18). Dans le cas de deux bases convexes, il peut y avoir *pénétration* ou *arrachement* (n° 19), suivant que les plans limites sont tangents au même cône ou à des cônes différents. Le cas intermédiaire est celui du plan limite commun, c'est-à-dire du point double.

32. Points remarquables. — 1° *Points limites.* — Ils sont donnés par les plans limites. En chacun d'eux, la tangente est la génératrice d'intersection du plan auxiliaire avec le cône pour lequel il n'est pas limite (n° 7).

2° *Points sur les contours apparents.* — On les obtient en faisant passer les plans auxiliaires successivement par toutes les génératrices de contour apparent des deux cônes, tout en les maintenant, bien entendu, entre les plans limites.

3° *Points les plus hauts et les plus bas, les plus à droite et les plus à gauche.* — En un tel point, les traces des deux plans tangents sur un plan horizontal ou sur un plan de front, ou sur un plan de profil doivent être parallèles (n° 8). Il est, en général, difficile de tenir compte d'une telle condition. Le seul cas où cela soit simple est celui où le plan sur lequel les traces doivent être parallèles coupe les deux cônes suivant des bases homothétiques, par exemple, suivant des cercles. Il suffit alors de faire passer le plan auxiliaire par le centre d'homothétie de ces deux bases.

4° *Points doubles apparents.* — Si les cônes sont du second degré, la ligne des points doubles en projection horizontale, par exemple, est la projection horizontale de l'intersection des deux plans déterminés par les génératrices de contour apparent horizontal des deux cônes, puisque ces plans sont les plans diamétraux conjugués des cordes verticales (n° 8).

33. **Branches infinies.** — On applique les considérations générales exposées au n° 9.

S'il s'agit de deux cônes, on a les directions asymptotiques en prenant les génératrices d'intersection de l'un d'eux avec le cône parallèle au second ayant même sommet que le premier. Ayant une telle direction, on a l'asymptote correspondante en prenant l'intersection des plans tangents aux deux cônes proposés le long des génératrices parallèles.

Si l'un des cônes est un cylindre, on peut le remplacer par ses plans asymptotes et l'on est ramené au cas de la section plane d'un cône (n° 26). Si un plan asymptote est à l'infini, c'est-à-dire si la base du cylindre possède une branche parabolique, l'intersection avec le cône possède aussi de telles branches, dont les directions asymptotiques sont données par l'intersection du cône avec le plan de directions asymptotiques du cylindre.

Signalons encore le cas particulier où une génératrice du cône est parallèle aux génératrices du cylindre. Le point à l'infini sur cette génératrice est un point double de l'intersection, parce qu'il doit être regardé comme le sommet du cylindre (n° 8). Les tangentes en ce point, c'est-à-dire les deux asymptotes, s'obtiennent en coupant le cylindre par le plan tangent au cône (n° 8).

Si l'on a affaire à *deux cylindres*, on peut les remplacer tous deux par leurs plans asymptotes. Le cas particulier signalé ci-dessus se présente alors lorsque les génératrices de l'un des cylindres sont parallèles à un plan asymptote de l'autre. Ce plan coupe le premier cylindre suivant les deux asymptotes.

34. **Branches virtuelles.** — Supposons que les deux cônes soient du second

degré et aient un plan de symétrie commun P, passant nécessairement par la ligne des sommets et, par exemple, de front. La courbe d'intersection, qui est une biquadratique, se projette verticalement suivant une conique, dont il peut être intéressant de déterminer les asymptotes des branches virtuelles. A cet effet, on emploie la méthode générale indiquée au n° 10. Pour avoir les directions asymptotiques, on peut mener, par le sommet S, un cône parallèle au cône C_1 et chercher les projections verticales des génératrices d'intersection. Coupons, par exemple, les deux cônes par un plan de bout Q ; soient γ et γ' les deux coniques de section. Si ces deux coniques se coupent en quatre points réels, il n'y a pas de difficultés, car les directions asymptotiques de l'espace sont toutes réelles et il n'y a pas de branches infinies virtuelles.

Si elles se coupent seulement en deux points réels A et B, il y a une branche infinie virtuelle, dont la direction asymptotique est la droite joignant S à la trace sur P de la sécante commune des deux coniques γ et γ' associée à AB. On peut avoir cette trace en prenant le point conjugué de la trace de AB dans l'involution de Desargues déterminée sur la trace de Q par le faisceau (γ, γ') (t. II, n° 505).

Si γ et γ' n'ont aucun point réel, les deux directions asymptotiques sont virtuelles. On les a, comme la précédente, en joignant S aux traces des deux sécantes communes de bout. Quant à ces traces, on peut les construire en appliquant le théorème de Desargues à deux droites quelconques du plan Q ; on projette les deux involutions sur P et l'on cherche les points communs aux deux involutions projetées.

Bien entendu, si l'on peut trouver *a priori* un plan Q donnant deux sections homothétiques, le problème est simplifié, car la trace de ce plan sur P est une des directions cherchées. L'autre s'en déduit aisément. Par exemple, si γ et γ' sont deux cercles, la deuxième direction asymptotique est la droite joignant S à la trace de leur axe radical sur le plan P.

Si l'on connaît des plans tangents parallèles (n° 24), on peut encore procéder comme il suit. Soient G et G_1 les génératrices de contact de ces plans. Sur G, par exemple, prenons un point quelconque M. Puis, transportons le cône S_1 parallèlement à lui-même, de manière que G_1 vienne passer par M, le sommet S_1 restant dans le plan P. Dans cette nouvelle position, les deux cônes sont évidemment bitangents ; ils se coupent suivant deux coniques, dont les plans ont pour traces verticales les directions cherchées (n° 10).

35. Cas de décomposition (¹). — 1° *Une droite et une cubique gauche.* — Ceci arrive lorsque les deux cônes ont une génératrice commune. On le reconnaît à ce que les points σ et σ_1 sont respectivement sur les bases B et B_1. Chaque plan auxiliaire P ne donne alors qu'un

(¹) Nous supposons les deux cônes du second degré (*cf.* t. II, n° 491).

seul point M de la courbe d'intersection et c'est ce point qui décrit la cubique.

Lorsque P est tangent à l'un des cônes le long de la génératrice commune, M vient au sommet de l'autre cône, la tangente en ce point étant la deuxième génératrice d'intersection de ce cône et de P (*cf.* t. II, n° 491, III).

Il peut arriver que *la cubique se décompose à son tour* en la génératrice commune SS_1 et une conique. Les deux cônes sont alors tangents le long de SS_1, ce qui se découvre nécessairement dans la recherche des plans limites.

2° *Deux coniques.* — Ce cas se présente quand *les deux cônes sont bitangents*, ce qu'on reconnaît toujours en construisant les plans limites. Les deux points de contact appartiennent à la fois aux deux coniques; en coupant par un plan auxiliaire quelconque, on a deux autres points de chacune d'elles et, par conséquent, leurs plans respectifs. On est alors ramené au problème de la section plane (n° 28).

36. **Développement d'un cône.** — Développer un cône, c'est l'étendre sur un plan P, en imaginant que sa surface latérale est matérialisée au moyen d'un tissu flexible et inextensible. La propriété caractéristique de cette opération est qu'elle *conserve la longueur de toute ligne* tracée primitivement sur le cône et c'est cette propriété qu'on utilise, en même temps que la *conservation des angles* (t. II, n° 399), pour construire *la transformée d'une ligne donnée.*

Comme on ne sait pas, en général, déterminer graphiquement la longueur d'un arc de courbe, on est obligé de se contenter d'une *solution approchée.*

Soit à construire la transformée de la ligne Γ. Nous lui inscrivons une ligne polygonale de très petits côtés ABCD .... Puis, dans le plan P, nous construisons un triangle $S_1A_1B_1$ égal au triangle SAB. Ensuite, nous juxtaposons à ce triangle le triangle $S_1B_1C_1$ égal au triangle SBC et ainsi de suite. On arrive ainsi à développer la surface pyramidale SABCD.... En joignant par une courbe continue les points $A_1B_1C_1D_1$.... on obtient une ligne qui s'approche d'autant plus de la véritable transformée que les côtés AB, BC, CD,... sont plus petits.

Pour avoir *la tangente* A_1T_1 *en* A_1 *à* Γ_1, on construit une droite faisant avec S_1A_1 un angle égal à l'angle que fait SA avec la tangente AT en A à Γ. On peut aussi (et cela revient au même) prendre un point T quelconque sur AT et construire un triangle $S_1A_1T_1$ égal au triangle SAT.

Quand on possède déjà la transformée d'une première courbe Γ, il est plus facile de construire la transformée d'une deuxième courbe Γ'. On mène des génératrices suffisamment rapprochées SAA', SBB',.... Puis, sur les droites homologues S_1A_1, S_1B_1,...., on porte $A_1A'_1 = AA'$, $B_1B'_1 = BB'$, ... On joint enfin les points A'_1, B'_1, ... par une courbe continue.

Pour construire la tangente en A'_1, on peut utiliser le point de rencontre T des tangentes en A et A'. Les triangles AA'T et $A_1A'_1T_1$ sont égaux, parce que les côtés AA' et $A_1A'_1$ sont égaux, ainsi que les angles adjacents. Il s'ensuit que, pour avoir la tangente cherchée, il suffit de prendre, sur A_1T_1, le point T_1 homologue de T et de le joindre à A'_1. La longueur AT est quelquefois appelée la *sous-tangente de* Γ' *par rapport à* Γ.

Si la courbe Γ' présente une asymptote, la sous-tangente correspondante devient une *sous-asymptote* et permet, au moyen de la méthode ci-dessus, de construire l'asymptote de Γ'_1.

Comme *courbe de référence* Γ, il y a intérêt à choisir une courbe dont la transformée est aussi simple que possible. Par exemple, on peut prendre l'intersection du cône avec une sphère de centre S. *La transformée est évidemment un cercle*, de centre S_1 et de rayon égal au rayon de la sphère. Mais, bien entendu, pour marquer une série de points homologues, il faut encore inscrire une ligne polygonale, dont on reporte les côtés, de Γ sur Γ_1, au moyen d'un compas.

Si le cône est de révolution, la courbe sphérique précédente est un cercle, de rayon $R \sin \varphi$, si R est le rayon de la sphère et φ le demi-angle au sommet du cône. Les angles au centre homologues sont dans le rapport inverse des rayons, puisque les arcs qu'ils interceptent doivent être égaux. On a donc : $\theta_1 = \theta \sin \varphi$. Cette formule permet de construire rigoureusement, au moyen d'un calcul simple et d'un rapporteur, des séries de points homologues.

Équation polaire de la transformée Γ_1. — Prenons S_1 pour pôle et un axe polaire quelconque S_1x. Cet axe polaire rencontre Γ_1 en un point A_1, auquel correspond, sur Γ, le point A. Soient maintenant M un point quelconque de Γ' et N le point où SM rencontre Γ. Évaluons la longueur SM en fonction de la longueur s de l'arc AN de Γ, soit $SM = f(s)$. Dans le développement, M, N viennent en M_1, N_1 et l'angle polaire θ de ces points est évidemment égal à $\frac{s}{R}$. On en conclut que l'équation polaire de Γ'_1 est

$$r = f(R\theta).$$

37. **Cas du cylindre.** — La construction de Γ_1 au moyen d'un polygone inscrit se fait comme tout à l'heure, avec cette seule différence que le point S_1 est à l'infini. Toutes les droites S_1A_1, S_1B_1, ... sont parallèles. Le développement de différentes courbes à partir d'une courbe de référence se fait comme dans le cas du cône, ainsi que la construction des tangentes et asymptotes.

Comme courbe de référence, on peut prendre une section droite. La transformée est une droite, sur laquelle on porte des longueurs égales aux arcs de section droite, pour obtenir des séries de points homologues. Si l'on prend cette droite comme axe des x et un axe des y perpendiculaire, l'équation de la transformée d'une courbe quelconque est $y = f(x)$, si $f(s)$ désigne la longueur NM évaluée en fonction de l'arc $AN = s$.

38. **Rayon de courbure de la transformée.** — Reprenons la courbe Γ' et, sur cette courbe, un point quelconque M. L'axe de courbure de Γ' en M perce le plan tangent au cône en un point G, appelé *centre de courbure géodésique*; le vecteur MG est appelé *rayon de courbure géodésique* et l'on démontre qu'*il se conserve pendant la déformation*. Or, quand le cône est développé, le rayon de courbure géodésique n'est autre que le rayon de courbure ordinaire de la transformée Γ_1 au point M_1. Dès lors, pour avoir le centre de courbure C_1, il suffit de construire le point G, puis de reporter le vecteur MG du plan SMT suivant le vecteur homologue du plan $S_1M_1T_1$.

Pour que M_1 soit un *point d'inflexion* de Γ_1, il faut et il suffit que MG soit infini, c'est-à-dire que *le plan osculateur soit normal au cône*. En particulier, *les points d'inflexion de la transformée d'une section plane du cône sont les points homologues des points où le plan tangent au cône est perpendiculaire au plan sécant.*

Toutes ces considérations sont valables pour le développement d'une *surface développable quelconque*.

CHAPITRE IV.

SPHÈRE.

39. **Contours apparents ; point courant, plan tangent.** — Le contour apparent horizontal d'une sphère, qui est le lieu des points de contact des plans tangents verticaux, est évidemment le grand cercle horizontal. Il se projette horizontalement en vraie grandeur, c'est-à-

Fig. 6.

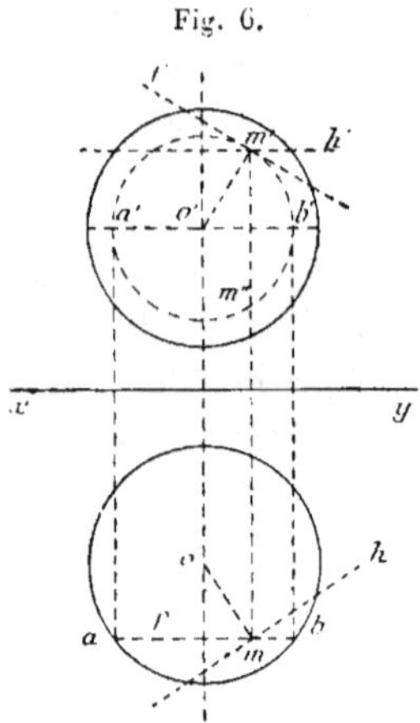

dire suivant un cercle ayant pour centre la projection horizontale du centre de la sphère et pour rayon le rayon de la sphère. Quant à la projection verticale, elle se réduit à un diamètre horizontal. Le contour apparent vertical est, de même, le grand cercle de front. Pour avoir un point quelconque de la sphère, il suffit de prendre un point quelconque sur un petit cercle quelconque horizontal ou de front. On peut, par exemple, résoudre le problème suivant :

Problème. — *Connaissant la projection horizontale d'un point de la sphère, trouver la projection verticale.*

Coupons par le plan de front qui passe par m. Nous obtenons un cercle qui se projette verticalement en vraie grandeur et dont on a immédiatement le diamètre horizontal (ab, $a'b'$). La ligne de rappel du point m rencontre le cercle décrit sur $a'b'$ comme diamètre en deux points m' et m'', qui constituent les deux solutions du problème.

Le *plan tangent* au point (m, m') est le plan perpendiculaire au rayon (om, $o'm'$) ; on peut le déterminer par l'horizontale (h, h') et la frontale (f, f'), qui sont d'ailleurs les tangentes aux petits cercles horizontal et de front passant par (m, m').

40. Intersection avec une droite. — On coupe par un plan auxiliaire contenant la droite. Suivant la manière particulière de choisir ce plan, on a l'une ou l'autre des deux méthodes suivantes :

Première méthode. — Coupons, par exemple, par le plan projetant horizontalement la droite. Nous obtenons un petit cercle, dont le diamètre horizontal est projeté horizontalement en vraie grandeur suivant cd et dont la projection verticale se trouve sur la droite H'. Rabattons ce cercle et la droite (D, D') de son plan autour du diamètre précédent. Le cercle se rabat suivant un cercle décrit sur cd

Fig. 7.

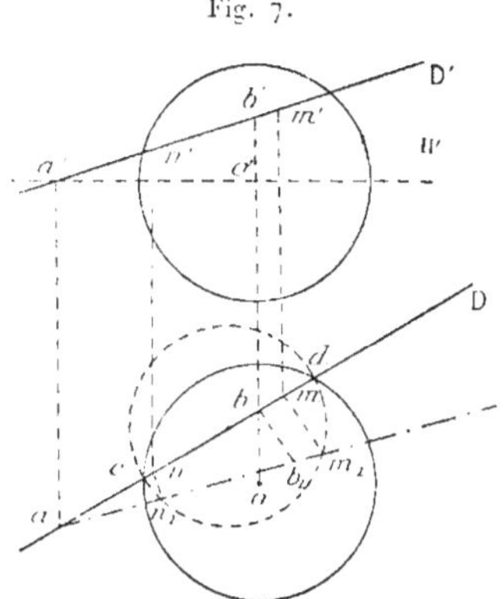

comme diamètre. La droite se rabat suivant ab_1 (bb_1 perpendiculaire à D et égal à $o'b'$). Les points m_1 et n_1 sont les rabattements des points cherchés ; ils se relèvent en (m, m') et (n, n').

Deuxième méthode. — Coupons par le plan déterminé par la

droite donnée et par le centre de la sphère. Nous obtenons un grand cercle, que nous rabattons, par exemple, autour de son diamètre de front $(oa, o'a')$. Ce rabattement coïncide évidemment avec le contour apparent vertical de la sphère ; il est donc tout construit. Reste à

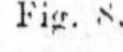

Fig. 8.

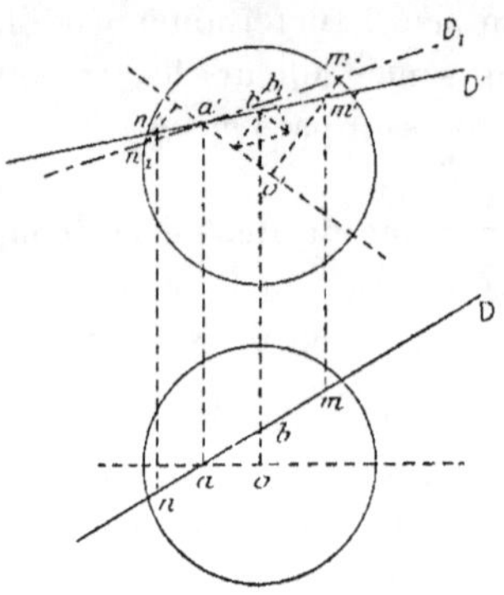

rabattre la droite (D, D'), ce qui se fait au moyen du point (a, a') sur la charnière et du point (b, b') rabattu en b_1, par la règle bien connue du triangle rectangle. Les points m_1 et n_1 sont les rabattements des points cherchés ; ils se relèvent en (m, m') et (n, n').

41. Section plane. — Toute section plane d'une sphère est un cercle, dont les deux projections sont, comme on sait, des ellipses. Le moyen le plus rapide pour construire celles-ci consiste à chercher leurs axes.

Cherchons, par exemple, les *axes de la projection horizontale*. Le plan sécant étant, pour fixer les idées, supposé défini par ses traces $P\alpha Q'$, nous avons un premier axe en abaissant du point o la perpendiculaire oa sur P : car le plan vertical passant par cette droite est un plan de symétrie à la fois pour la sphère et pour le plan sécant, donc pour leur intersection, donc pour la projection horizontale de cette intersection. (On peut aussi remarquer que oa est la projection horizontale du diamètre de plus grande pente du cercle.) Pour avoir les sommets de cet axe, nous déterminons la droite du plan sécant projetée horizontalement en oa, soit $(ab, a'b')$, et nous cherchons l'intersection de cette droite avec la sphère. En appliquant, par exemple, la première méthode du n° 40, on obtient les deux points (d, d') et (e, e'); d, e sont les sommets cherchés.

Fig. 9.

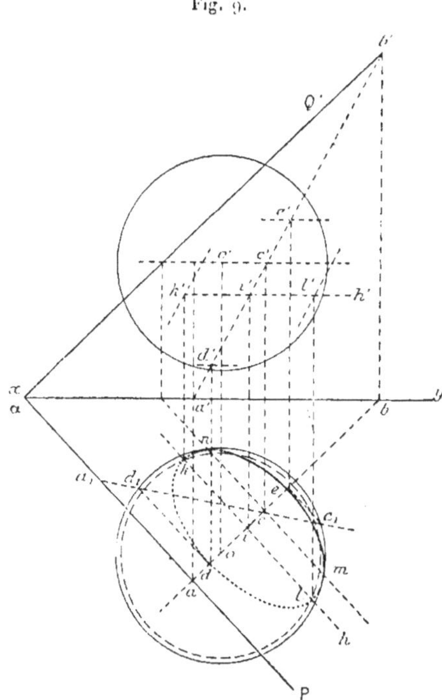

On a le deuxième axe en menant la perpendiculaire h au premier par le milieu i de de. Cet axe est d'ailleurs la projection horizontale du diamètre horizontal du cercle de l'espace, diamètre qui se projette verticalement suivant l'horizontale h' du point i'. On a les sommets correspondants en cherchant l'intersection de la droite (h, h') avec la sphère, ce qui se fait immédiatement en coupant par un plan horizontal : on obtient ainsi les points (k, k') et (l, l').

Finalement, kl est le grand axe et de le petit axe de la projection horizontale.

Remarque. — Dans l'espace, les tangentes aux points (d, d') et (e, e') sont horizontales ; donc, en projection verticale, les tangentes aux points d' et e' sont parallèles à la ligne de terre ; ces points sont le plus bas et le plus haut de l'ellipse projection verticale. Le diamètre horizontal $k'l'$ est, par suite, conjugué de $d'e'$; il en résulte que les tangentes en k' et l' sont parallèles à $d'e'$.

En intervertissant les rôles des deux plans de projection, on construirait de même les axes de la projection verticale et deux diamètres conjugués de la projection horizontale.

Points sur les contours apparents. — Ces points sont indispensables pour la ponctuation. Pour avoir les points sur le contour apparent horizontal, il suffit de couper par le plan horizontal du centre de la sphère. L'intersection de ce plan avec le plan sécant rencontre le contour apparent horizontal en m et n, qui sont les points cherchés.

Ponctuation. — Le point (d, d'), par exemple, est évidemment caché en projection horizontale ; il en est donc de même de tout l'arc mdn ; l'arc men est, au contraire, vu. On ponctuerait, de même, la projection verticale.

42. **Intersection de deux sphères.** — L'intersection de deux sphères est un cercle ; il suffit donc de déterminer le plan de ce cercle pour être ramené au problème précédent. A cet effet, on en détermine un point et l'on mène par ce point un plan perpendiculaire à la ligne des centres. Comme point particulier, il est tout indiqué de choisir un point utile de l'intersection, par exemple un des points sur les contours apparents des deux sphères, points qui doivent tous être déterminés, en vue de la ponctuation. A cet effet, on coupera par les plans des contours apparents.

43. **Cône circonscrit à une sphère à partir d'un point donné.** — La courbe de contact est un cercle, dont le plan est le plan polaire du point donné S par rapport à la sphère. Il suffit de connaître un point de ce plan pour le déterminer, puisqu'il est perpendiculaire au diamètre OS. On aura des points utiles, en cherchant les points de la courbe de contact situés sur les contours apparents. D'après le théorème III du n° 2, les points sur le contour apparent horizontal, par exemple, sont les points (a, a') et (b, b').

Le plan vertical passant par OS étant un plan de symétrie de toute la figure, *so* est un axe de la projection horizontale. On peut avoir les sommets correspondants en menant du point S les tangentes au grand cercle situé dans le plan vertical précédent, ce qui se fait commodément par une rotation autour du diamètre vertical de la sphère : on obtient ainsi les points *c* et *d*. La détermination des autres sommets se fait ensuite comme il a été expliqué au n° 41.

Fig. 10.

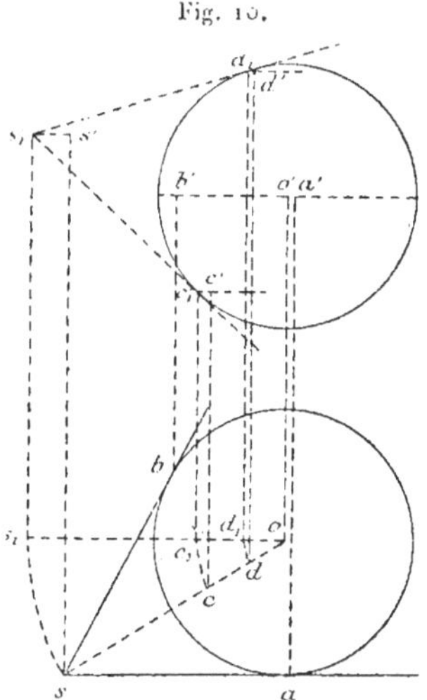

Lorsque le point S est à l'infini, on a affaire à un cylindre circonscrit. La courbe de contact est alors un grand cercle dont le plan est perpendiculaire à la direction des génératrices du cylindre. Les constructions indiquées dans le cas du cône subsistent sans modification.

Les deux problèmes que nous venons de résoudre trouvent une application importante dans la construction de la courbe d'ombre propre d'une sphère.

44. **Plans tangents par une droite donnée.** — Soit à mener les plans tangents à une sphère O par une droite donnée D. La méthode générale consiste à circonscrire à la sphère un cône ayant pour sommet un point S de D et à mener ensuite à ce cône les plans tangents qui passent par D. Suivant la manière de choisir le point S, on obtient diverses méthodes particulières, que nous allons décrire.

Première méthode. — Prenons S en (s, s') dans le plan de front du centre de la sphère. Le cercle de contact du cône circonscrit se

Fig. 11.

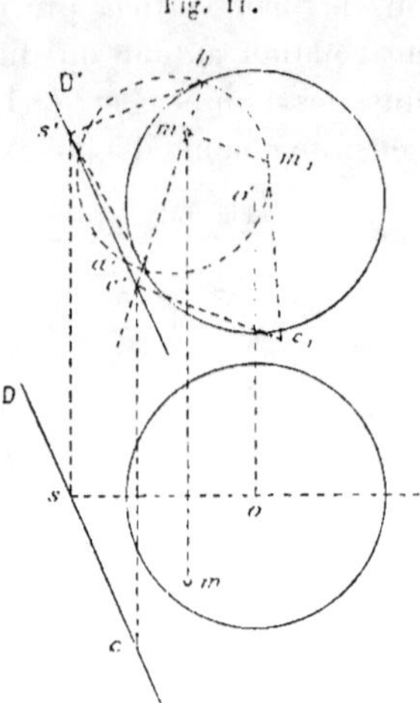

trouve dans le plan de bout $a'b'$. Prenons-le comme base du cône et appliquons, pour mener les plans tangents à ce cône par la droite D, la méthode générale du n° **22**. Nous prenons la trace de D sur le plan de base, soit (c, c'). Nous devons maintenant mener par ce point les tangentes à la base. A cet effet, nous rabattons le plan de celle-ci autour de la frontale $(so, a'b')$. Le cercle de base se rabat suivant le cercle de diamètre $a'b'$ et le point (c, c') se rabat en c_1. De c_1, nous menons les tangentes au cercle rabattu ; soit m_1 le point de contact de l'une d'elles. Ce point se relève en (m, m'), qui est le point de contact de l'un des plans tangents cherchés.

Deuxième méthode. — C'est une simple variante de la précédente, dont elle ne diffère que par le choix de la base du cône. Ce choix repose sur l'artifice suivant. Considérons le cylindre vertical circonscrit à la sphère. Ce cylindre et le cône, étant deux quadriques circonscrites à une même troisième, se coupent suivant deux coniques (t. II, n° **492**). A cause de la symétrie par rapport au plan de front os, les plans de ces deux coniques sont de bout ; l'un d'eux est, par exemple, le plan de bout $c'd'$. Prenons la conique correspondante comme base du cône. Cette base, que l'on appelle quelquefois une *base de Monge*, offre l'avantage de se projeter horizontalement suivant le cercle de contour apparent horizontal de la sphère. Nous prenons la trace de D sur le plan $c'd'$, soit (e, e') ; de ce point, nous menons les tangentes à la base, ce qui se fait au moyen de la projection horizontale. Nous trouvons, par exemple, le point de contact

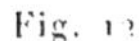

Fig. 12.

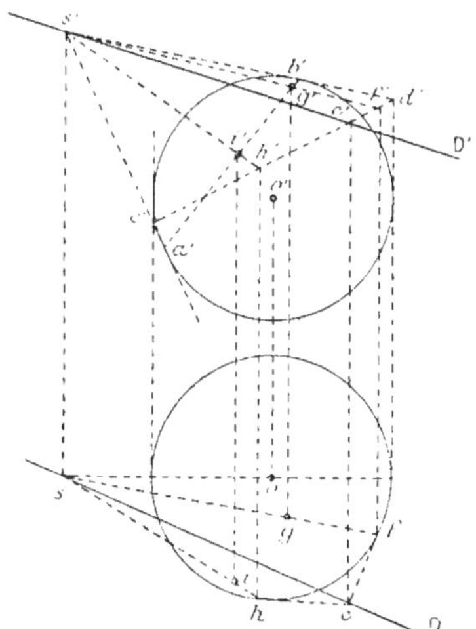

(f, f'). La droite $(sf, s'f')$ est la génératrice de contact d'un des plans tangents cherchés avec le cône circonscrit ; elle rencontre le cercle de contact au point (g, g'), qui est le point de contact du plan tangent avec la sphère.

Troisième méthode. — Elle consiste à considérer simultanément les deux cônes circonscrits dont les sommets sont l'un (s, s') dans le plan diamétral de front, l'autre (t, t') dans le plan diamétral horizontal. Les points de contact des plans cherchés se projettent verticalement sur $a'b'$ et horizontalement sur cd. Dans l'espace, ils se trouvent donc sur la droite $(cd, a'b')$ et il suffit, pour les construire, de prendre l'intersection de la sphère avec cette droite (n° 40).

Remarquons que cette droite n'est autre que la droite conjuguée de la proposée par rapport à la sphère (t. II, n° 436). Cela résulte de la construction précédente; on le voit aussi en observant qu'elle se

Fig. 13.

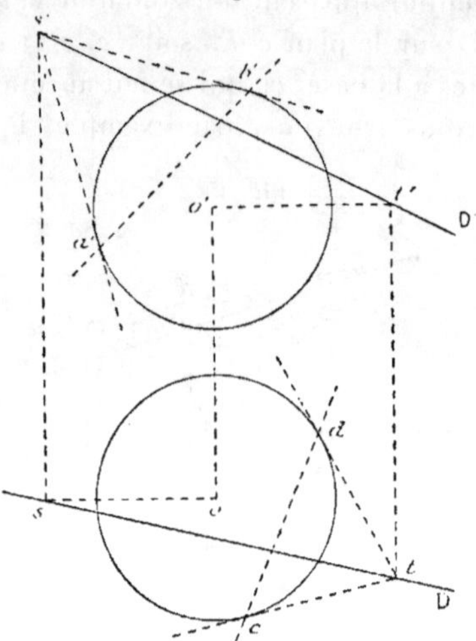

trouve à l'intersection des plans polaires des points (s, s') et (t, t').

Fig. 14.

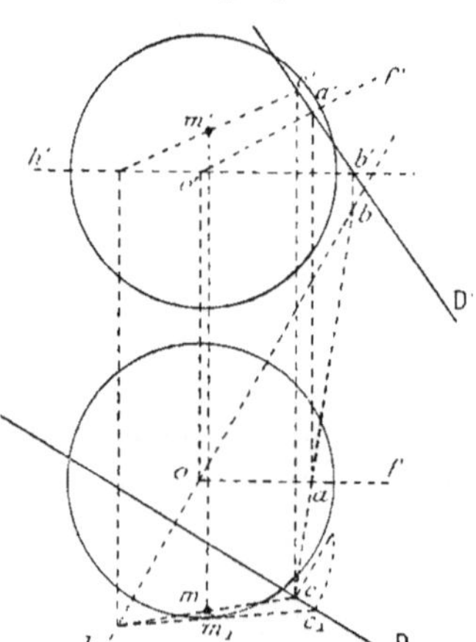

Quatrième méthode. — Prenons le sommet du cône à l'infini; autrement dit, considérons le cylindre circonscrit, dont les génératrices sont parallèles à D. Prenons comme base de ce cylindre le cercle de contact. Le plan de ce cercle est le plan diamétral perpendiculaire à (D, D') ; il est déterminé par l'horizontale (h, h') et la frontale (f, f'). Nous construisons son intersection (c, c') avec (D, D'). Il faut ensuite mener de ce point les tangentes à la base. Pour cela, nous faisons un rabattement autour du diamètre horizontal (h, h'). Le cercle se rabat suivant le contour apparent horizontal de la sphère et le point (c, c') se rabat en c_1, par la règle du triangle rectangle. De c_1, nous menons les tangentes telles que $c_1 m_1$. Le point m_1 se relève en (m, m'), qui est un des points de contact cherchés.

45. Intersection d'une sphère et d'une surface quelconque. — On peut construire par points l'intersection d'une sphère avec toute surface S susceptible d'être engendrée par une droite ou un cercle. Si la surface est réglée, on cherchera l'intersection de ses génératrices successives avec la sphère (n° 40). Par exemple, s'il s'agit d'un cône, on pourra couper par un plan variable passant par son sommet et qu'on pourra en outre assujettir à une autre condition destinée à simplifier les constructions, telle que d'être vertical ou de bout ou bien de passer par le centre de la sphère.

Si la surface est cerclée, on coupera par les plans de ses cercles.

46. Emploi de la sphère comme surface auxiliaire pour les cônes et cylindres de révolution. — La sphère est souvent utilisée, au titre de sphère inscrite, pour résoudre les problèmes relatifs aux cônes et cylindres de révolution.

Construction d'une sphère inscrite. — Dans le cas d'un cylindre de révolution défini par son axe et son rayon, la construction est immédiate ; il suffit de prendre une sphère ayant son centre en un point quelconque de l'axe et pour rayon le rayon du cylindre.

Supposons maintenant un cône défini par son axe, son sommet et son angle au sommet 2θ. Prenons le centre de la sphère inscrite en un point quelconque (o, o') de l'axe. Le rayon peut être construit au moyen d'un triangle rectangle, dont l'hypoténuse est SO et un angle aigu l'angle θ donné. Le rayon cherché est le côté opposé à cet angle. Pour construire ce triangle, il faut commencer par construire la vraie grandeur du segment $(so, s'o')$, en faisant, comme on sait, un rabattement ou une rotation. On effectue ensuite la construction élémentaire du triangle dans un coin ou sur une autre feuille de papier et il n'y a plus qu'à reporter le rayon obtenu sur l'épure.

Contours apparents. — Quand on a tracé les contours apparents de la sphère inscrite, on a immédiatement ceux du cône en leur menant des tangentes par les projections du sommet (nº 2). Si l'on a besoin de la projection verticale de la génératrice de contour apparent

Fig. 15.

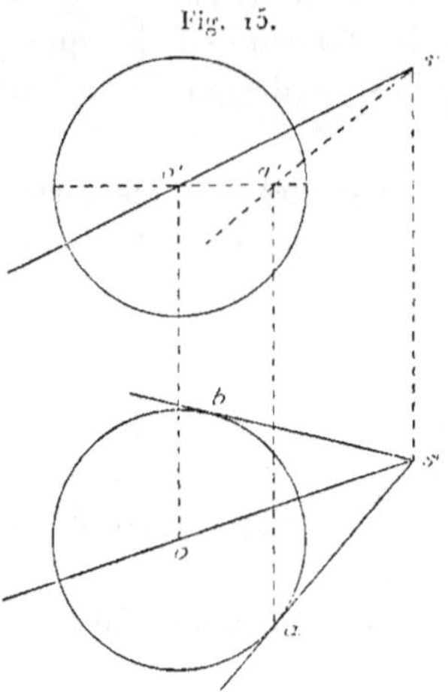

horizontal *sa*, par exemple, il suffit de se rappeler que le point (a, a') se trouve sur le contour apparent horizontal de la sphère et, par conséquent, se projette verticalement en a' sur l'horizontale du point o'.

Dans le cas d'un cylindre, la construction est évidemment la même; on mène les tangentes parallèlement à l'axe du cylindre. Ce sont, dans chaque projection, les deux droites parallèles à la projection de l'axe et situées à une distance de celle-ci égale au rayon du cylindre. Cela est, du reste, évident *a priori* et l'on peut très bien, dans ce cas, se passer de la sphère inscrite.

Intersection avec une droite. — On emploie toujours la méthode générale du nº 25; c'est-à-dire qu'on coupe par le plan déterminé par la droite et le sommet du cône. Mais, au lieu de prendre la trace de ce plan sur un plan de base, on prend son intersection avec la sphère inscrite et l'on mène à cette intersection les tangentes issues du sommet. Les points de rencontre de ces tangentes avec la droite proposée sont les points cherchés. Bien entendu, sur l'épure, l'exécution de ces constructions se fait au moyen d'un rabattement.

Sur la figure 16, on a rabattu autour du diamètre horizontal $(ih, i'h')$ du cercle de section, le centre (i, i') ayant été obtenu comme projection du

Fig. 16.

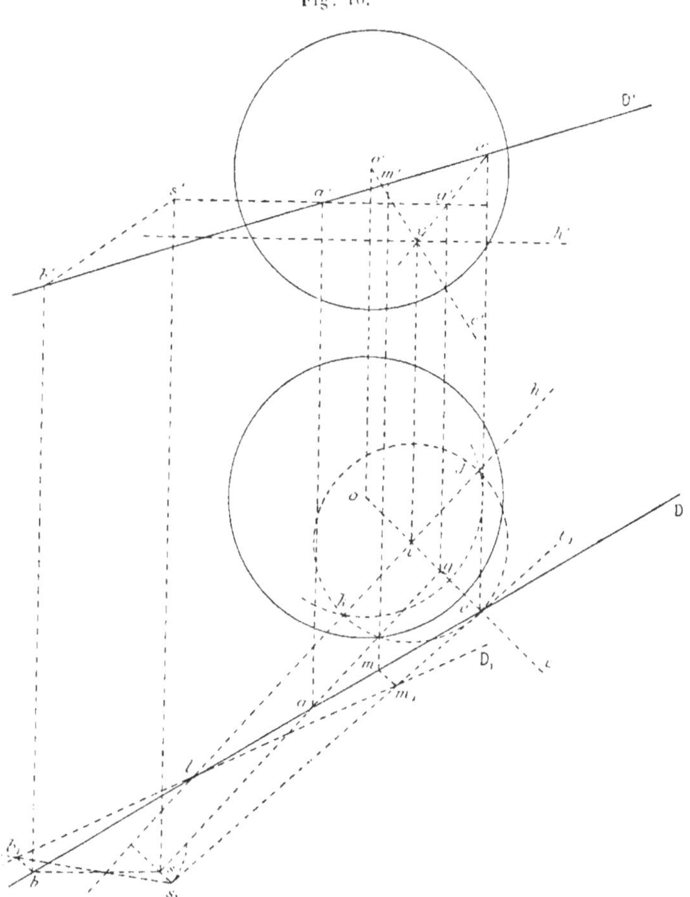

point (o, o') sur le plan $(s\mathrm{D}, s'\mathrm{D}')$. Le cercle se rabat suivant le cercle de diamètre jk, lequel diamètre a été construit en coupant par le plan horizontal $i'h'$. Le point (s, s') et la droite (D, D') sont rabattus en s_1 et $b_1 l D_1$. On a mené la tangente $s_1 t_1$, qui rencontre D_1 en m_1, relevé ensuite en (m, m'), qui est l'un des points cherchés.

Comme cas particulier, signalons le problème suivant :

Connaissant la projection horizontale m d'un point du cône, trouver sa projection verticale.

Cela revient, en effet, à trouver l'intersection du cône avec la verticale du point m.

Plans tangents par un point donné. — Cela revient à mener les plans tangents à la sphère inscrite par la droite joignant le point donné au sommet du cône (n° 44). Les génératrices de contact s'obtiennent en joignant le sommet du cône aux points de contact avec la sphère.

Remarque. — Bien entendu, tous ces problèmes peuvent être aussi résolus par les méthodes exposées au Chapitre III, en prenant une base circulaire. Il y a lieu alors de faire des constructions dans le plan de cette base, et pour cela, il faut rabattre ce plan. Les deux manières de procéder sont à peu près équivalentes au point de vue de la complication des constructions.

CHAPITRE V.

SURFACES DE RÉVOLUTION.

47. Point courant et plan tangent. — Une surface de révolution est habituellement déterminée par son axe et une ligne génératrice G. Pour avoir *un point quelconque* d'une telle surface, on prend un point A sur la ligne G et on le fait tourner d'un angle quelconque autour de l'axe; autrement dit, on prend un point quelconque M sur le parallèle engendré par A.

Le *plan tangent en ce point* contient d'abord la tangente au parallèle. Il contient, en outre, la tangente à la ligne génératrice qui passe par M, tangente qui peut se construire en effectuant une rotation de la tangente en A à G. Ces deux droites déterminent en général, le plan tangent cherché. (Pour le cas d'exception, *cf.*, t. II, n° 363.)

Pratiquement, au lieu d'effectuer la rotation de la tangente ci-dessus, il est plus commode de construire le point de rencontre de l'axe avec le plan tangent en A; ce point détermine, avec la tangente au parallèle en M, le plan tangent cherché.

On peut aussi *construire la normale*. A cet effet, il suffit de joindre M au point de rencontre de l'axe avec la normale en A, lequel point peut être obtenu comme intersection de l'axe avec le plan normal à G.

Ces différentes constructions ne sont simples que si l'axe est perpendiculaire à l'un des plans de projection. Soit, par exemple, l'axe vertical $(o, o'z')$. Le parallèle du point A se projette horizontalement suivant le cercle de centre o et de rayon oa et verticalement suivant la parallèle à xy menée par a'. Il est aisé d'y prendre un point quelconque (m, m'). Le plan tangent en ce point est déterminé par la tangente $(mt, m't')$ au parallèle et par le point (p, p') où le plan tangent en (a, a') rencontre $(o, o'z')$. La normale est $(mn, m'n')$, le point (n, n') ayant été construit comme intersection de $(o, o'z')$, avec le plan perpendiculaire en (a, a') à la tangente $(au, a'u')$.

Fig. 17.

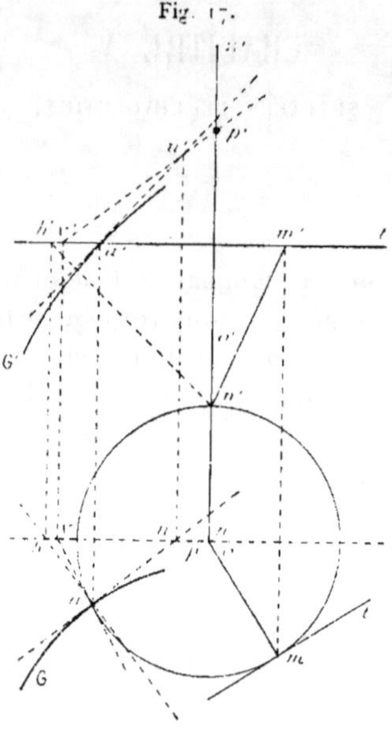

Si l'axe est oblique sur les deux plans de projection, le parallèle du point A doit être déterminé par son plan, mené par A perpendiculairement à l'axe et par une sphère passant par A et ayant son centre en un point quelconque de l'axe, par exemple, à la même cote que A, de façon que le rayon qui aboutit au point A se projette horizontalement en vraie grandeur. On peut ensuite couper la sphère et le plan par un plan auxiliaire quelconque, par exemple, par un plan horizontal; on détermine ainsi deux points du parallèle. Quant au plan tangent, on l'obtient comme précédemment : les constructions sont seulement plus compliquées.

Si l'axe est de front, il y a quelques simplifications. Le parallèle se projette verticalement suivant un segment de droite et l'on peut se donner la projection verticale m' du point M.

Nous conseillons au lecteur de faire les épures correspondant à chacun de ces deux cas.

48. Problème. — *L'axe étant vertical, construire m' connaissant m et vice versa.*

On cherche le parallèle qui passe par M. Si l'on connaît m, on peut tracer la projection horizontale du parallèle; on prend l'intersection de cette projection avec la projection horizontale g de G; on relève chacun des points obtenus sur g' et l'on en déduit les projections verticales de tous les parallèles qui répondent à la question. Ces projections sont enfin rencontrées par la ligne de rappel de m aux points m' cherchés.

Si l'on se donne m', on suit la marche inverse, c'est-à-dire que l'on part de la projection verticale du parallèle.

Problème. — *L'axe étant de front, construire m connaissant m'.* — On emploie la même méthode que précédemment. Seulement, une fois qu'on a obtenu le point A de G, on achève de déterminer le parallèle par une sphère ayant son centre sur l'axe et l'on coupe cette sphère par un plan horizontal auxiliaire passant par m'.

Nous laissons encore au lecteur le soin de faire les épures correspondant à ces deux problèmes.

49. **Méridienne principale.** — On appelle ainsi la méridienne dont le plan est parallèle à l'un des plans de projection. Elle n'existe évidemment que si l'axe est lui-même parallèle à l'un de ces plans. Son intérêt résulte de ce que, lorsqu'elle est construite, elle permet de se rendre compte de la forme de la surface, ce qui n'est pas toujours facile quand on connaît seulement une courbe génératrice quelconque. Nous verrons, en outre, qu'elle constitue une partie d'un des contours apparents (n° 50).

Supposons, pour fixer les idées, que l'axe (A, A') soit de front. Pour construire un point quelconque de la méridienne principale, on prend un point quelconque (a, a') de la génératrice et l'on construit l'intersection du parallèle engendré par ce point avec le plan de front A.

Si l'axe est vertical, la construction est immédiate (*fig.* 18). S'il est oblique, il faut utiliser la sphère de centre (o, o') et de rayon oa. Cette sphère est coupée par le plan de front suivant un grand cercle projeté verticalement en vraie grandeur; cette projection coupe la perpendiculaire à A' menée par a' en deux points de la méridienne principale (*fig.* 19).

La tangente en m' est la trace verticale du plan tangent en (m, m') à la surface, puisque ce plan tangent est de bout, comme étant perpendiculaire au plan méridien de front (t. II, n° 362). Or, nous savons construire ce plan tangent (n° 47). Le plus simple est de

Fig. 18.

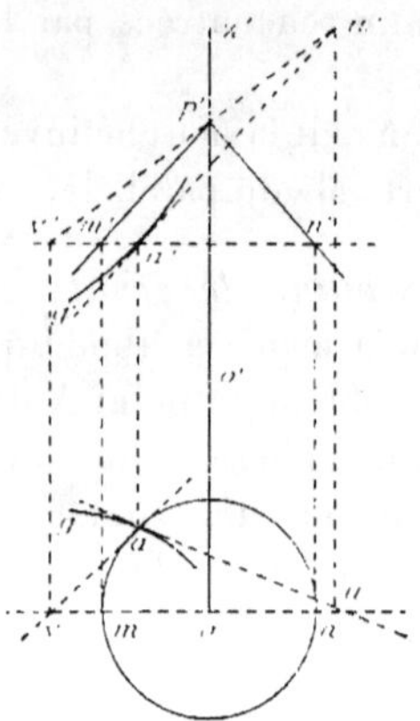

joindre m' au point p' où l'axe perce le plan tangent en (a, a'), (*fig.* 18 et 19).

Comme points remarquables de la méridienne principale, signalons,

Fig. 19.

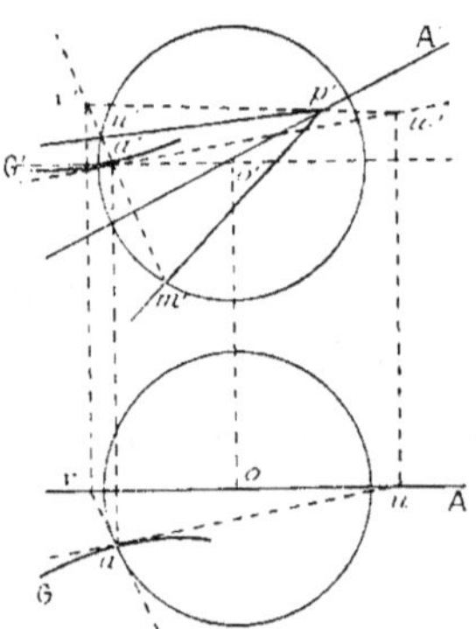

dans le cas où l'axe est vertical, *les points les plus hauts et les plus bas*, qui sont fournis par les points analogues de G, c'est-à-dire par les points de cette courbe où la tangente est horizontale. Signalons aussi les points où la tangente est parallèle à l'axe, qui sont donnés par les parallèles de rayon maximum ou minimum. Ces derniers sont engendrés par les pieds des normales communes à l'axe et à G, lesquels sont obtenus, en projection horizontale, en abaissant du point o les normales sur g.

50. Contours apparents. — Supposons d'abord l'*axe vertical*.

Si le point M appartient au contour apparent horizontal, le plan tangent en ce point est vertical, donc parallèle à l'axe. Il s'ensuit visiblement qu'il est perpendiculaire au rayon PM du parallèle. Par suite, ce rayon est normal à la courbe génératrice G. Réciproquement, si PM est normal à G en M, comme il est aussi normal au parallèle, il est perpendiculaire à deux droites du plan tangent, donc perpendiculaire à ce plan (en supposant toutefois que ces deux droites sont distinctes, c'est-à-dire que l'on ne se trouve pas dans le cas d'exception signalé au n° 362 du Tome II); comme PM est une horizontale, le plan tangent est vertical et le point M appartient au contour apparent horizontal. En définitive, sauf le cas d'exception signalé entre parenthèses, *le contour apparent horizontal est constitué par les parallèles de rayon maximum ou minimum.*

Supposons maintenant que M fasse partie du contour apparent vertical. Le plan tangent en ce point est de bout; donc, la normale est de front. Le plan méridien qui passe par M contient cette normale; comme il contient aussi l'axe, qui est une deuxième frontale, il est de front et M appartient à la méridienne principale. Ceci est toutefois en défaut si la normale en M est parallèle à l'axe, puisque les deux frontales sont alors parallèles. Dans ce cas, le plan tangent en M est horizontal, donc aussi la tangente à G; le parallèle qui passe par M est un parallèle le plus haut ou le plus bas. Réciproquement, si M appartient à la méridienne principale, le plan tangent en ce point est perpendiculaire au plan méridien de front; il est donc de bout. De même, si la tangente en M à G est horizontale, mais non perpendiculaire au plan méridien, le plan tangent en ce point est horizontal, donc de bout. En définitive, *le contour apparent vertical est constitué par la méridienne principale et par les parallèles les plus hauts et les plus bas.*

Remarque. — Le cas d'exception qui provient du cas où la

courbe G est normale au plan méridien ne se présente jamais si cette courbe est une méridienne. On évite donc toute restriction aux deux règles précédentes, en prenant, par exemple, la méridienne principale pour courbe génératrice.

51. Supposons maintenant l'*axe oblique* sur le plan horizontal, mais de front. Le contour apparent vertical est encore constitué, comme précédemment, par la méridienne principale et par les parallèles engendrés par les points de cette méridienne où la tangente est perpendiculaire à l'axe. Quant au contour apparent horizontal, c'est une courbe plus ou moins compliquée, que l'on est obligé de construire par points. A cet effet, on cherche les points situés sur un parallèle quelconque, en *remplaçant la surface par la sphère inscrite* le long de ce parallèle (on pourrait aussi la remplacer par le cône circonscrit, *cf.*, n° 56; mais, la construction serait un peu plus compliquée). Le contour apparent horizontal de cette sphère

Fig. 20.

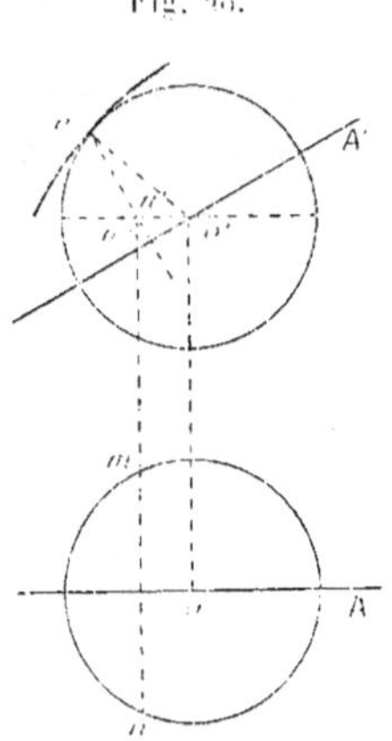

rencontre le parallèle en deux points (m, m') et (n, n') appartenant au contour apparent horizontal de la surface; de plus, ce dernier est tangent au contour apparent de la sphère en chacun de ces points (n° 2).

Si l'axe est oblique à la fois sur les deux plans de projection, il faut appliquer la méthode ci-dessus aux deux contours apparents. Mais la construction est plus compliquée, à cause de la recherche du centre de la sphère inscrite, que l'on détermine au moyen du plan normal à la courbe génératrice, et aussi à cause de la construction de l'intersection du parallèle avec le contour apparent de la sphère. Nous laissons au lecteur le soin de faire l'épure à titre d'exercice.

52. *Remarque.* — La méthode ci-dessus peut être appliquée à la construction des contours apparents de *toute surface périsphère* (t. II, n° 281). Appliquons-la, par exemple, au *tore*, en considérant cette surface comme l'enveloppe de la sphère inscrite le long de chaque cercle méridien. Le contour apparent horizontal du tore est l'enveloppe du contour apparent horizontal de cette sphère. Or, celui-ci est un cercle de rayon constant, dont le centre décrit une ellipse, projection du cercle lieu des centres des méridiens. Son enveloppe est *une courbe parallèle à l'ellipse* déférente, obtenue en portant sur chaque normale à cette ellipse, de part et d'autre du pied, une longueur égale au rayon constant du cercle.

On a évidemment une construction analogue pour les contours apparents de toute surface enveloppe d'une sphère de rayon constant.

53. **Problèmes sur les plans tangents.** — Nous allons maintenant exposer la solution de quelques problèmes classiques relatifs aux plans tangents. Avant d'en aborder aucun, nous ferons la remarque générale suivante. En vertu de la propriété fondamentale des surfaces de révolution (t. II, n° 361), on peut toujours faire tourner les données d'un angle quelconque autour de l'axe de la surface, faire la construction des plans tangents dans cette nouvelle position, puis revenir en place par la rotation inverse. On conçoit que l'on puisse quelquefois choisir l'amplitude de la rotation de manière à simplifier la construction demandée. Toutefois, cette méthode n'est pratiquement avantageuse que si les rotations peuvent s'effectuer facilement, c'est-à-dire si l'axe de la surface est perpendiculaire à l'un des plans de projection. C'est ce que nous supposerons généralement dans ce qui va suivre.

54. **Problème I.** — *Plans tangents parallèles à un plan donné.* — Soit une surface de révolution à axe vertical, que nous nous donnons par sa méridienne principale. Nous voulons lui mener les plans tangents parallèles au plan $P\alpha Q'$.

Commençons par faire une rotation pour *amener ce plan à être de bout* et soit $P_1\alpha_1 Q'_1$ sa nouvelle position. Les points de contact des plans cherchés appartiennent maintenant au contour apparent vertical, donc à la méridienne principale (nous laissons de côté le cas particulier évident où le plan donné serait horizontal). En chacun de ces points, la tangente à cette méridienne doit être parallèle à $\alpha_1 Q'_1$.

Fig. 21.

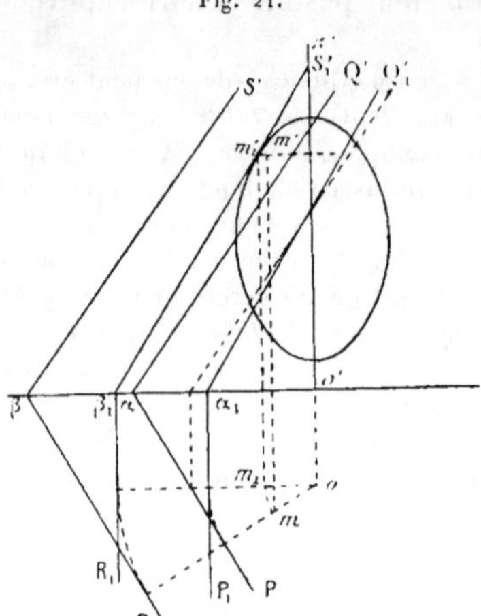

Nous menons donc ces tangentes. Soit $m'_1 S'_1$ l'une d'elles; le plan tangent correspondant est $R_1 \beta_1 S'_1$; son point de contact est (m_1, m'_1). Faisons maintenant la rotation inverse; nous obtenons le plan $R \beta S'$ et le point de contact (m, m').

55. **Problème II.** — *Plans tangents par une droite donnée.* — La solution de ce problème n'est simple que dans les deux cas particuliers suivants :

Premier cas : La droite est perpendiculaire à l'axe de la surface. — Cet axe étant toujours supposé vertical, amenons, par une rotation, la droite (D, D') donnée *à être de bout*, ce qui est possible, puisque nous la supposons horizontale. Avec cette nouvelle position, les plans tangents cherchés doivent être de bout; leurs traces verticales sont les tangentes à la méridienne principale issues du point D'_1. Soit (m_1, m'_1) le point de contact de l'une d'elles. La rotation inverse l'amène en (m, m'), qui est le point de contact de l'un des plans demandés (*fig.* 22).

Remarque. — Le problème du numéro précédent est un cas particulier de celui-ci. La droite donnée est à l'infini et peut être considérée comme perpendiculaire à n'importe quelle droite de l'espace, en particulier à l'axe.

Fig. 22.

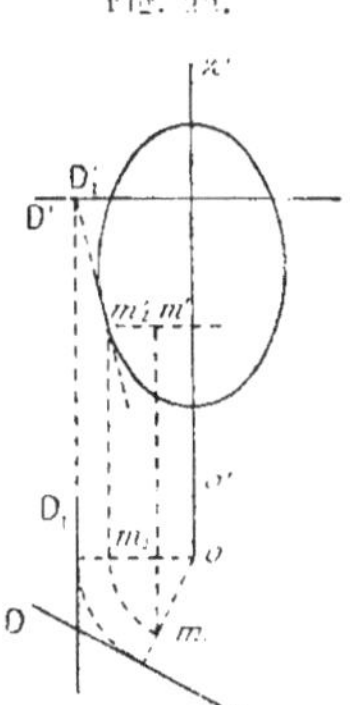

Deuxième cas : La droite est quelconque; mais la surface est une quadrique. — On emploie la même méthode que pour la sphère (n° 44).

Soit, par exemple, un ellipsoïde de révolution à axe vertical. Pre-

Fig. 23.

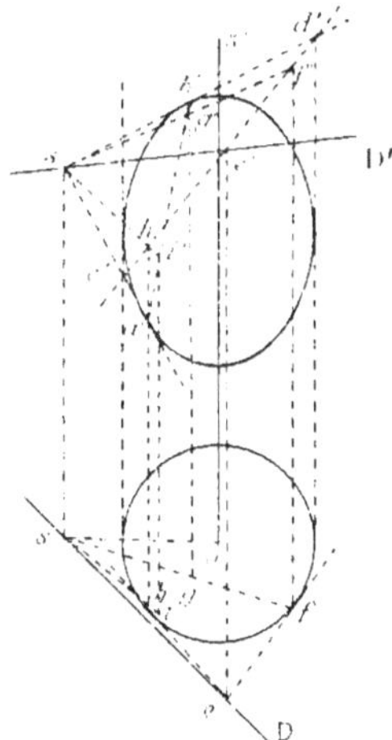

nons, sur la droite donnée (D, D'), le point (*s*, *s'*) situé dans le plan de front de l'axe et substituons à la surface le cône circonscrit à partir de ce point. La courbe de contact est une ellipse, projetée verticalement suivant $a'b'$. Comme c'est une base trop compliquée, prenons une base de Monge (n° 44), obtenue au moyen du cylindre vertical circonscrit. A partir de ce moment, les constructions sont exactement les mêmes que pour la sphère.

Cas du paraboloïde. — La base de Monge est en défaut lorsque la quadrique est un paraboloïde, car le cylindre vertical circonscrit

Fig. 24.

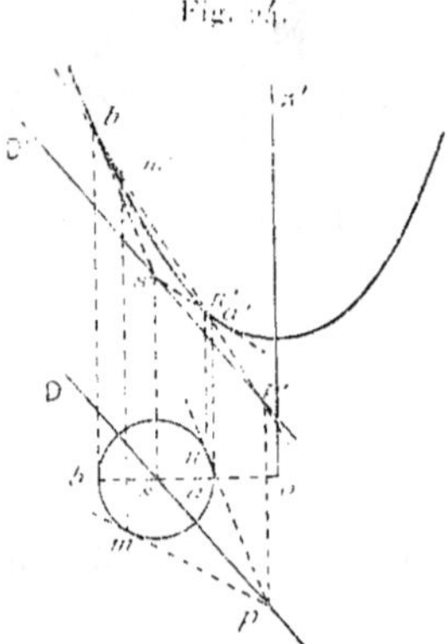

est infini. Mais, dans ce cas, on peut prendre comme base la courbe de contact, car on sait que sa projection horizontale est un cercle (t. II, n° 560) (¹). La construction est alors simplifiée : les points de contact des plans tangents cherchés sont obtenus immédiatement en menant, du point (p, p'), les tangentes à l'ellipse de contact, ce qui se fait au moyen de la projection horizontale. On obtient ainsi les deux points (m, m') et (n, n').

56. **Problème III. — Plans tangents par un point donné.** — Il y a une infinité de plans répondant à la question ; ce sont les plans tangents au cône circonscrit à partir du point donné. Le problème actuel consiste, à proprement parler, à construire la courbe de contact de ce cône, ce qui est très important pour les questions d'ombre.

(¹) Rappelons que le centre de ce cercle est s.

Si la surface est quelconque, cette courbe ne peut être construite que par points. Deux méthodes peuvent être employées pour obtenir un point quelconque.

I. *On assujettit le point de contact à se trouver sur un parallèle donné.* — On remplace alors la surface par le cône circonscrit le long de ce parallèle. L'axe étant toujours supposé vertical, soient (s, s') et (H, H') le point et le parallèle donnés. Le cône circonscrit a pour sommet (p, p'). Il faut lui mener les plans tangents issus

Fig. 25.

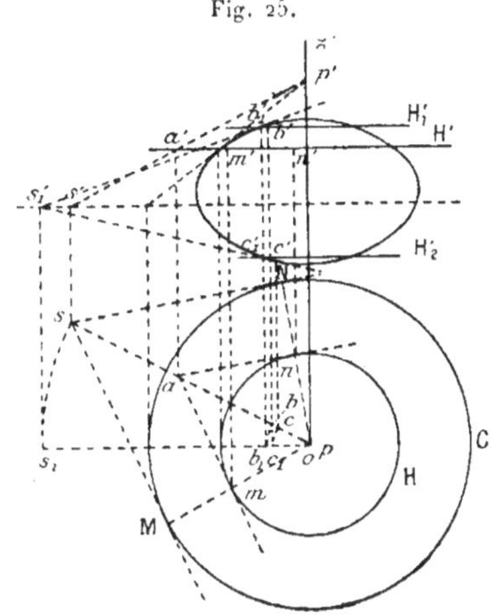

de (s, s'). A cet effet, nous appliquons la méthode générale du n° 22; nous prenons la trace (a, a') de la droite $(sp, s'p')$ sur le plan de base et nous menons, par cette trace, les tangentes am, an au cercle de base. Les points (m, m') et (n, n') sont les points de contact cherchés.

Cas où le sommet du cône auxiliaire sort des limites de l'épure. — Ceci arrive lorsque le parallèle choisi est très près d'un parallèle maximum ou minimum. Dans ce cas, on utilise la variante suivante, que l'on peut aussi employer, bien entendu, dans le cas général.

On prend la base du cône auxiliaire dans le plan horizontal du point (s, s'). On n'a pas alors à chercher la trace de la ligne $(sp, s'p')$, puisque cette trace est le point (s, s') lui-même. On mène les tangentes sM et sN au cercle C; les génératrices de contact se projettent horizontalement en pM et pN; elles rencontrent (H, H′) aux points de contact cherchés (m, m') et (n, n').

Parallèles limites. — La construction précédente n'est possible que si le point s est extérieur au cercle C. Le cas limite est celui où s est sur C et les parallèles qui donnent naissance à ce cas sont appelés les *parallèles limites*. Pour les trouver, il suffit de remarquer que le cône circonscrit le long de chacun d'eux doit passer par (s, s'); la génératrice de ce cône qui passe par ce point est évidemment une des tangentes menées par (s, s') à la méridienne dont le plan a pour trace horizontale os. Ces tangentes se construisent aisément en faisant une rotation qui amène (s, s') en (s_1, s'_1), dans le plan de front de l'axe. Les parallèles H'_1 et H'_2 qui passent par les points de contact des tangentes à la méridienne principale issues de s'_1 sont les parallèles limites. En ramenant ces points de contact par la rotation inverse, on a, en projection horizontale, les sommets de la courbe de contact situés sur l'axe de symétrie évident os et, en projection verticale, les points les plus hauts et les plus bas.

57. II. *On assujettit le point de contact à se trouver sur un méri-*

Fig. 26.

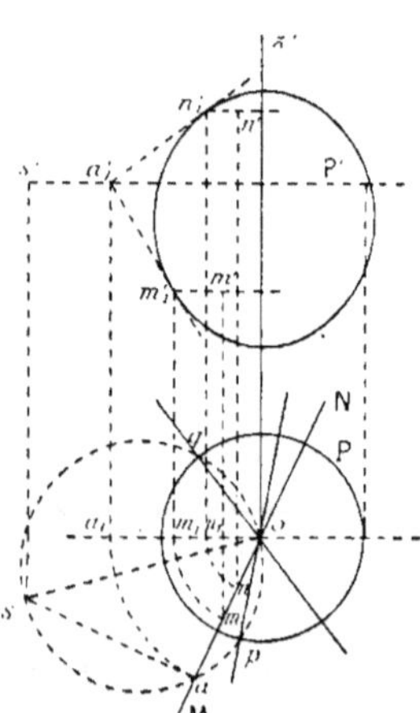

dien donné. — On remplace la surface par le cylindre circonscrit le long de ce méridien.

Supposons toujours l'axe vertical et soit MN le méridien donné. Nous menons par (s, s') la parallèle aux génératrices du cylindre, c'est-à-dire la perpendiculaire au plan méridien et nous prenons sa trace (a, a') sur ce plan. De cette trace, nous devons mener les tangentes à la base du cône, c'est-à-dire à la courbe méridienne. A cet effet, nous effectuons une rotation, de manière à amener le plan méridien à être de front. Le point (a, a') vient en (a_1, a'_1). De a'_1, nous menons les tangentes à la méridienne principale, soit $a'_1 m'_1$ et $a'_1 n'_1$. En revenant en place, nous obtenons en (m, m') et (n, n') les points cherchés.

Méridiens limites. — La construction n'est possible que si l'on peut mener les tangentes $a'_1 m'_1$ et $a'_1 n'_1$. Le cas limite est celui où a'_1 se trouve sur la méridienne principale. Pour cela, il faut et il suffit que (a, a') se trouve sur le parallèle (P, P') qui a même cote que s'. Comme le lieu du point a est le cercle de diamètre so, en prenant les points de rencontre p et q de ce cercle avec le cercle P, on a, en op et oq, les traces des *méridiens limites*. (Observons que p et q sont les points de contact des tangentes menées par s au cercle P.)

58. *Tangente à la courbe de contact.* — Un point quelconque (m, m') étant obtenu par l'une ou l'autre des deux méthodes précédentes, on peut se proposer de construire la tangente en ce point à la courbe de contact. Cela n'est simple que si l'on a affaire à une quadrique, parce que la courbe est plane; il suffit alors de prendre l'intersection de son plan avec le plan tangent en (m, m') à la surface.

Si l'on a affaire à une surface quelconque, on peut se ramener au cas précédent, en remplaçant la surface par la quadrique engendrée par la conique ayant pour axe l'axe de la surface et osculatrice à la méridienne au point considéré. Ceci suppose, bien entendu, que l'on sait construire le centre de courbure de cette méridienne.

On peut aussi, et c'est généralement plus simple, appliquer le théorème de Dupin (t. II, n° 344) et prendre la droite conjuguée harmonique de SM par rapport aux tangentes asymptotiques du point M. Ceci suppose aussi la connaissance du centre de courbure de la méridienne, qui est nécessaire pour la détermination des tangentes asymptotiques (t. II, n° 363).

59. *Points sur les contours apparents.* — On a les points sur le contour apparent horizontal, en appliquant la méthode du parallèle

aux parallèles de contour apparent horizontal. On a les points sur le contour apparent vertical, en appliquant la méthode du méridien au méridien de front. Il est aisé de vérifier que, dans les deux cas, cela revient à mener des tangentes au contour apparent par la projection de même nom du point S, conformément au théorème III du n° 2.

60. Cas du cylindre circonscrit. — Pour construire la courbe de contact du cylindre circonscrit parallèlement à une direction donnée (D, D'), on applique les méthodes précédentes, en prenant le point (s, s') à l'infini sur cette direction. Les seules modifications à signaler sont les suivantes :

La variante de la méthode du parallèle exposée au n° 56 n'est plus applicable. On la remplace alors par la suivante. On prend un point fixe quelconque (i, i') sur l'axe et l'on considère le cône ayant pour

Fig. 27.

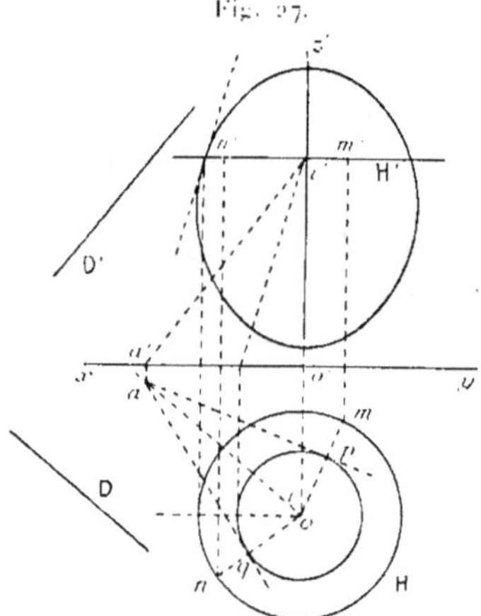

sommet ce point et parallèle au cône circonscrit le long du parallèle. On lui mène les plans tangents parallèles à (D, D'), en menant par (i, i') la parallèle (ia, $i'a'$) à cette droite, prenant la trace horizontale (a, a') de cette parallèle et menant du point a les tangentes ap, aq à la base du cône. Comme les génératrices de contact des plans tangents cherchés avec le cône circonscrit sont parallèles aux génératrices de contact des plans tangents menés ci-dessus, ces génératrices se projettent horizontalement suivant ip, iq. Elles rencontrent le cercle H aux points m et n, qui se rappellent en m' et n'.

Pour appliquer la méthode du méridien, on doit mener, par un point A arbitrairement choisi dans l'espace, une parallèle à (D, D') et une parallèle aux génératrices du cylindre (n° 22). En choisissant convenablement ce point arbitraire, on peut amener des simplifications dans les constructions ultérieures. Voici comment on pro-

Fig. 28.

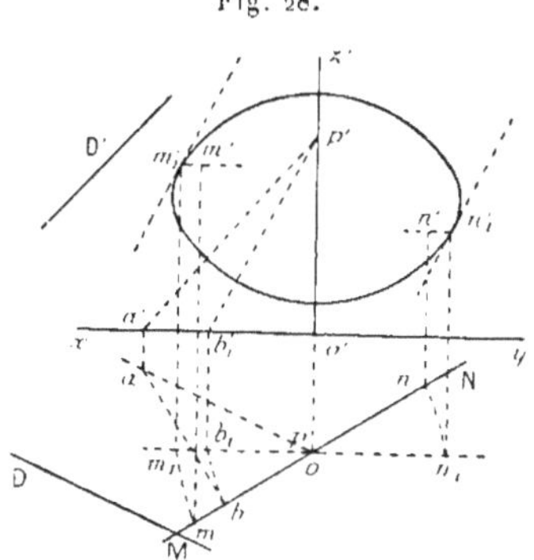

cède. On prend un point quelconque (p, p') sur l'axe; par ce point, on mène une parallèle à (D, D') et l'on prend sa trace horizontale. C'est cette trace que l'on choisit pour point A. Voici, dès lors, les constructions que l'on doit faire pour l'application de la méthode.

On projette (a, a') en (b, b') sur le méridien MN. Il n'y a plus ensuite qu'à mener des tangentes à la méridienne parallèlement à la droite $(bp, b'p')$, ce qui se fait par une rotation amenant cette droite à être de front, soit en $(pb_1, p'b'_1)$. On mène ensuite les tangentes à la méridienne principale parallèles à $p'b'_1$ et l'on effectue la rotation inverse sur les points de contact.

61. Éléments de la courbe de contact dans le cas d'une quadrique de révolution. — Si la surface est une quadrique, la courbe de contact du cône circonscrit de sommet (s, s') est une conique, dont le plan est le plan polaire de (s, s') par rapport à la quadrique. Il est important de savoir construire les éléments de cette conique. Outre les méthodes qui seront indiquées au n° 62 pour une section plane quelconque, voici la marche que l'on peut suivre.

Soit, par exemple, un ellipsoïde à axe vertical. Il s'agit de construire la courbe de contact du cône circonscrit de sommet (s, s').

Commençons par faire une rotation pour amener (s, s') en (s_1, s'_1) dans le plan de front de l'axe. Le plan de l'ellipse de contact est maintenant le plan de bout $a'_1\, b'_1$. Les points a_1 et b_1 sont deux sommets de la projection horizontale et a'_1, b'_1 sont les points le plus

Fig. 29.

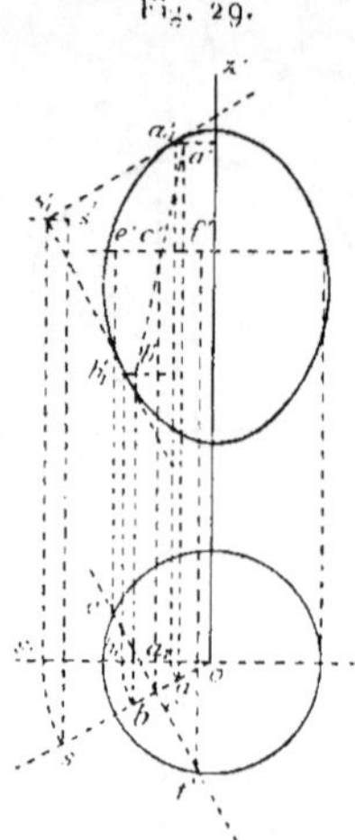

haut et le plus bas de la projection verticale. Dans la rotation inverse, ces propriétés se conservent toutes deux : a et b sont deux sommets de la projection horizontale et a', b' sont les points le plus haut et le plus bas de la projection verticale [1].

Le deuxième axe de la projection horizontale est la perpendiculaire au milieu de ab. Pour avoir ses sommets, observons qu'il est la projection horizontale de l'axe horizontal de la courbe de l'espace (ab étant la projection de l'axe de plus grande pente), dont la projection verticale est la parallèle à la ligne de terre menée par le milieu c' de $a'b'$. Il suffit, dès lors, de couper par le plan horizontal passant par c' et l'on a, en e, f, les sommets cherchés. Des lignes de rappel donnent ensuite les points e', f', extrémités du diamètre horizontal de la projection verticale.

Nous connaissons finalement les *axes de la projection horizontale et deux diamètres conjugués de la projection verticale.*

---

[1] Ces points ont été déjà donnés par les parallèles limites (n° 56).

62. Section plane d'une surface de révolution. — Pour avoir un point quelconque, *on coupe par le plan d'un parallèle*. Si l'axe est, par exemple, vertical, on peut aussi *couper par un plan méridien* et faire une rotation pour amener ce plan à être de front.

La tangente est donnée par l'intersection du plan sécant et du plan tangent ou bien par la méthode des normales.

Si l'axe est vertical, les deux méthodes précédentes permettent évidemment de construire les points sur les contours apparents.

Le plan méridien perpendiculaire au plan sécant est un *plan de symétrie* pour les deux surfaces, donc pour leur intersection. Sa trace horizontale est un axe de symétrie pour la projection horizontale. En lui appliquant la méthode indiquée ci-dessus, on obtient des sommets en projection horizontale et, en projection verticale, les points les plus hauts et les plus bas. (La tangente en chacun de ces points dans l'espace est perpendiculaire au plan méridien.)

Si la surface est une quadrique, le deuxième axe de la section est l'horizontale du plan sécant qui passe par le milieu des deux points précédemment obtenus. C'est aussi le deuxième axe en projection horizontale. On obtient ses extrémités en coupant par le plan horizontal qui le contient. En projection verticale, on a ainsi deux diamètres conjugués.

Les *asymptotes* peuvent être construites en remplaçant la surface par ses cônes asymptotes (n° 9), qui sont toujours de révolution et qui sont engendrés, par exemple, par les asymptotes de la méridienne.

63. Intersection d'une droite et d'une surface de révolution. — Si la surface est quelconque, le problème ne peut être résolu que dans les deux cas particuliers suivants :

I. *La droite est perpendiculaire à l'axe.* — On coupe par le plan perpendiculaire à l'axe mené par cette droite. Si l'axe est vertical, les constructions sont évidentes et très simples. S'il est oblique sur les deux plans de projection, il faut utiliser une sphère contenant le parallèle de section par le plan auxiliaire précédent et l'on est ramené à chercher l'intersection de la droite proposée avec cette sphère.

II. *La droite rencontre l'axe.* — On coupe par le plan méridien qui la contient. La construction n'est facile que si l'axe est perpendiculaire à l'un des plans de projection, auquel cas on fait une rotation.

64. *Cas d'une quadrique.* — Soit, par exemple, un ellipsoïde de révolution à axe vertical, dont nous voulons l'intersection avec la droite (D, D'). Coupons par le plan projetant verticalement cette droite. La section de l'ellipsoïde est une ellipse E, dont il faut prendre l'intersection avec la droite. A cet effet, employons l'artifice suivant. Prenons comme surface auxiliaire le cône ayant pour base l'ellipse et pour sommet le sommet (*s, s'*) de l'ellipsoïde.

Fig. 30.

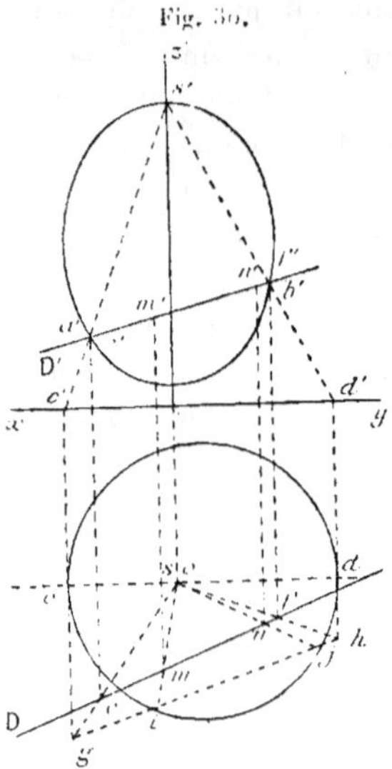

Ce cône possède la propriété avantageuse d'avoir ses sections horizontales circulaires. En effet, il coupe l'ellipsoïde suivant une première conique, donc suivant une seconde. D'autre part, le sommet (*s, s'*) est un point double de l'intersection; comme il n'appartient pas à la première conique, c'est nécessairement un point double de la seconde. Donc, celle-ci se décompose en deux droites, qui ne peuvent être que la section de l'ellipsoïde par le plan tangent en (*s, s'*). Or, les sections horizontales de l'ellipsoïde sont des cercles : les deux droites ci-dessus sont donc des droites isotropes. Le cône étant coupé suivant un cercle de rayon nul par le plan horizontal de son sommet, toutes ses sections horizontales sont circulaires. (*Cf.* t. II, Chap. XXXII; Exercice proposé n° 6.)

Construisons une quelconque de ces sections, en coupant, par exemple, par le plan *c'd'*. Le plan de front de l'axe étant un plan de symétrie, il suffit de construire les traces des génératrices situées dans ce plan pour avoir, en cd, un diamètre du cercle cherché.

Nous n'avons plus maintenant qu'à prendre l'intersection de notre cône avec la droite (D, D'), ce qui se fait par la méthode habituelle (n° 25). Nous construisons la trace horizontale gh du plan ($sD, s'D'$); nous prenons ses points de rencontre i, j avec le cercle; nous joignons si, sj et nous avons, en (m, m') et (n, n'), les points cherchés.

Cette méthode n'est applicable qu'à la condition que la quadrique soit rencontrée en des points réels par son axe. Le seul cas où il n'en est pas ainsi est celui de l'hyperboloïde à une nappe. Mais, nous indiquerons une méthode spéciale pour cette surface au n° 81.

Faisons encore observer que, dans le cas du paraboloïde, si l'on prend s' à l'infini, la méthode revient à utiliser la projection horizontale circulaire de l'ellipse E.

65. Intersection d'une surface de révolution avec un cône ou un cylindre. — Bornons-nous au cas où l'axe est, par exemple, vertical, la base du cône étant, en outre, donnée dans le plan horizontal.

La méthode générale pour construire un point quelconque consiste à couper par un cône auxiliaire ayant même sommet que le proposé et admettant pour base un parallèle quelconque de la surface. On prend l'intersection des deux cônes, en se servant de leurs bases dans le plan horizontal et l'on prend les points de rencontre des génératrices obtenues avec le parallèle.

Il revient au même de dire que l'on coupe par des plans horizontaux, en faisant une projection conique des sections auxiliaires obtenues. Si la base du cône proposé est circulaire, on peut d'ailleurs éviter, si l'on veut, cette projection conique et faire la projection orthogonale habituelle. Mais, cela n'est pas avantageux, car il faut, chaque fois, construire deux cercles au lieu d'un.

La tangente au point courant se construit par l'intersection des plans tangents.

Les *cônes* auxiliaires *limites* sont ceux qui sont tangents au proposé. Leur détermination est généralement impossible.

Les *points sur les contours apparents* du cône ne peuvent être construits que si les génératrices de contour apparent satisfont aux conditions particulières indiquées au n° 63 ou bien si la surface de révolution est une quadrique. Les points sur le contour apparent horizontal de la surface de révolution sont, au contraire, toujours donnés par la méthode générale exposée ci-dessus, en prenant les parallèles qui constituent ce contour apparent. Quant aux points sur le contour apparent vertical, on ne peut pas, en général, les construire directement, car la section du cône par le plan méridien de front est une courbe quelconque, dont on ne saurait construire les points de rencontre avec la méridienne principale.

Cas particuliers. — I. *Le sommet du cône est sur l'axe.* — Outre la méthode générale précédente, on peut couper par les plans méridiens, en faisant une rotation. On peut ainsi construire les points sur les contours apparents du cône et sur le contour apparent vertical de la surface.

II. *Cylindre à génératrices perpendiculaires à l'axe.* — La méthode générale exposée plus haut est évidemment en défaut. Mais, il est alors très simple de couper par les plans des parallèles, puisque ceux-ci coupent le cylindre suivant des génératrices.

66. **Intersection de deux surfaces de révolution dont les axes se rencontrent.** — La méthode générale pour construire un point quelconque consiste à *couper par une sphère quelconque ayant pour centre le point de rencontre des deux axes.* On obtient un certain nombre de parallèles sur chaque surface et l'on prend les intersections de ces parallèles deux à deux. Pour construire les points de rencontre de deux parallèles, on prend l'intersection de leurs plans et l'on construit les deux points de rencontre de cette droite avec la sphère auxiliaire. Les points ainsi obtenus sont évidemment symétriques par rapport au plan des deux axes, lequel est donc un *plan de symétrie de la courbe*, comme cela est, du reste, évident *a priori*, puisqu'il est plan de symétrie pour chaque surface.

Les constructions ne sont simples que si le plan des axes est parallèle à l'un des plans de projection. Supposons-le, par exemple, de front. Soient (A, A') et (B, B') les deux axes et donnons-nous chaque surface par sa méridienne principale. Coupons par une sphère de centre (o, o'). Nous obtenons des parallèles dont les plans sont de bout. Soient, par exemple, $a'b'$ et $c'd'$ les projections verticales de deux d'entre eux. Leurs plans se coupent suivant une droite de bout, de trace m'. Nous prenons l'intersection de cette droite avec la sphère, en coupant par un plan horizontal; nous obtenons ainsi deux points de la courbe d'intersection (m, m') et (m_1, m').

Pour *construire la tangente* en (m, m'), le plus simple est d'employer la méthode des normales, car on a immédiatement les normales $(mn, m'n')$ et $(mp, m'p')$ aux deux surfaces. Il ne reste qu'à mener une perpendiculaire à leur plan. La droite $(np, n'p')$ est une frontale de ce plan : donc, la tangente en m' à la projection verticale est perpendiculaire à $n'p'$. Coupons maintenant le plan des normales

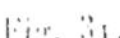
Fig. 31.

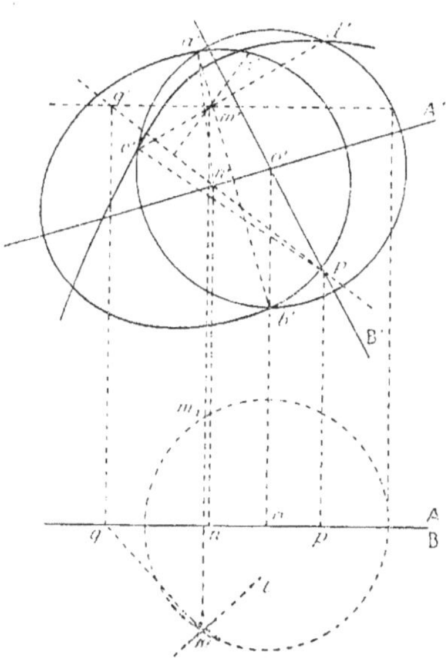

par le plan horizontal qui passe par m' : nous obtenons le point (q, q') sur la droite $(np, n'p')$ et la droite $(mq, m'q')$ est une horizontale du plan normal ; la tangente en m à la projection horizontale est donc perpendiculaire à mq.

Sphères limites. — Pour qu'une sphère auxiliaire donne des points, il faut qu'elle coupe chaque surface. Les *sphères limites* sont celles qui sont inscrites dans l'une ou l'autre des deux surfaces. Si, par exemple, nous abaissons la normale $o'g'$ sur la méridienne de la surface (A), la sphère de rayon $o'g'$ est limite pour cette surface. Les parallèles suivant lesquels elle coupe (B) sont tangents à la courbe d'intersection, d'après le théorème des surfaces limites (n° 7). En projection verticale, on obtient, de la sorte, les points où la tangente est perpendiculaire à B'.

67. Points sur les contours apparents. — On ne peut pas, en général, construire les points sur les contours apparents horizontaux. Il n'y a exception que si l'un des axes est vertical, auquel cas on prend les sphères auxiliaires passant par les parallèles maxima et minima de la surface correspondante. Signalons aussi le cas où les deux surfaces sont des quadriques. Le contour apparent de chacune

Fig. 39.

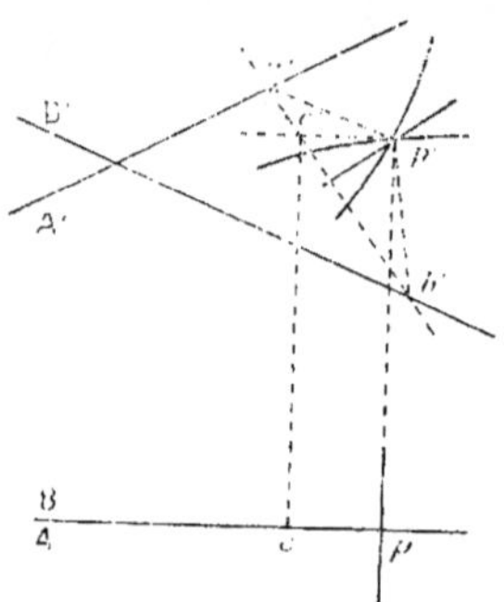

d'elles se projette verticalement suivant une droite, trace du plan diamétral conjugué des cordes verticales; il suffit de construire les points d'intersection de cette droite avec la conique suivant laquelle se projette verticalement la courbe d'intersection.

Les points sur les contours apparents verticaux sont les points de rencontre des méridiennes principales. (Il peut aussi y avoir des points sur des parallèles à plan tangent perpendiculaire à l'axe; on les obtient au moyen des sphères auxiliaires passant par ces parallèles.) Soit p' l'un de ces points. Cherchons sa tangente. Dans l'espace, cette tangente est de bout, puisque les plans tangents aux deux surfaces sont de bout. En projection horizontale, il n'y a pas de difficulté; la tangente en p est perpendiculaire à la ligne de terre et le point p est un sommet de la projection horizontale. En projection verticale, nous savons qu'il faut prendre la trace du plan osculateur (n° 1), le point p' devant, en outre, être un point de rebroussement. En réalité, on n'a pas, à proprement parler, un point de rebroussement; mais, tous les points de la projection verticale peuvent être considérés comme tels, ainsi qu'on le verra au n° 68. La tangente en p' n'en est pas moins donnée par la trace verticale du plan osculateur de la courbe de l'espace. On obtient aisément ce dernier au moyen du théorème de Meusnier (t. II, n° 335). Le centre de courbure normale pour chaque surface est le point de rencontre de la normale avec l'axe (t. II, n° 363). Il en résulte que le plan osculateur cherché est perpendiculaire à la frontale $a'b'$, donc aussi la tangente en p'. On retrouve tout simplement la règle pour construire la tangente en un point quelconque de la projection verticale, ce qu'on aurait d'ailleurs pu prévoir, par raison de continuité.

On peut aisément déduire des raisonnements qui précèdent la construction du centre de courbure en p à la projection horizontale. En effet, l'axe de courbure de la courbe de l'espace est la droite $(ab, a'b')$. Il rencontre la normale en (p, p') au cylindre projetant horizontalement la courbe au point (c, c'), qui est donc le centre de courbure normale de ce cylindre, c'est-à-dire le centre de courbure de sa section droite. Il s'ensuit que le centre de courbure cherché n'est autre que le point c.

68. **Branches virtuelles de la projection verticale.** — La courbe de l'espace admettant le plan de front des axes pour plan de symétrie, la projection verticale peut admettre des branches virtuelles (n° 10). Si, dans l'application de la méthode générale, le point m' se trouve en dehors du contour apparent vertical de la sphère auxiliaire, il appartient à une telle branche, car les deux points de la courbe dont il est la projection verticale sont imaginaires conjugués. Le cas limite est celui où ces deux points sont confondus. Ceci arrive lorsque le point m' est un des points de rencontre des méridiennes principales, de sorte que ces points sont les points limites des branches virtuelles.

Dans le cas où les deux surfaces sont des quadriques, on peut aisément, par l'application de la méthode générale du n° 10, construire les asymptotes de ces branches. Pour avoir les plans de sections homothétiques, on inscrit une sphère dans une des surfaces et l'on circonscrit à cette sphère une quadrique homothétique à l'autre surface. On a alors deux quadriques circonscrites à une même troisième et se coupant, par conséquent, suivant deux coniques. Les plans de ces deux coniques sont les directions de plans cherchées; leurs traces verticales sont les directions asymptotiques de la projection verticale (laquelle est, comme on sait, une conique, puisque, d'une manière générale, le degré de la projection verticale est la moitié du degré de la courbe de l'espace). Pratiquement, on trace un cercle bitangent à l'une des coniques méridiennes principales, la corde de contact étant perpendiculaire à l'axe de la surface. Par exemple, on prend le cercle décrit sur l'axe de l'équateur comme diamètre. Puis, on construit une conique homothétique à l'autre méridienne et bitangente à ce cercle, la corde de contact étant perpendiculaire à l'axe de la seconde surface. Les sécantes communes, qui se coupent au point de rencontre des deux cordes de contact [1], sont les directions asymptotiques cherchées. (Rappelons qu'elles sont conjuguées harmoniques par rapport aux deux cordes de contact; t. II, n° 492.)

Lorsqu'une des surfaces est un hyperboloïde, on peut prendre son cône des directions asymptotiques comme quadrique homothétique. Il suffit alors, dans la construction précédente, de prendre comme seconde conique deux tangentes au cercle parallèles aux asymptotes de la méridienne de l'hyperboloïde et se coupant sur le diamètre parallèle à l'axe.

Si l'une des surfaces est un paraboloïde, on peut prendre comme surface homothétique un cylindre de révolution parallèle à l'axe et, par suite, comme seconde conique, les deux tangentes au cercle parallèles à cet axe.

Une fois connues les directions asymptotiques, on a les asymptotes comme il a été expliqué au n° 10.

69. **Extension de la méthode des sphères auxiliaires.** — La méthode indiquée au n° 66 pour construire un point quelconque peut être appliquée toutes les fois qu'on peut trouver une infinité de sphères coupant chacune des surfaces dont on veut construire l'intersection suivant un cercle variable. (Les surfaces ne sont plus nécessairement de révolution.)

Par exemple, supposons que l'on ait affaire à un tore et à une

---

[1] On peut en conclure que les directions asymptotiques sont confondues, c'est-à-dire que *la projection verticale est une parabole, lorsque les axes des deux surfaces sont parallèles* et dans ce cas seulement.

surface de révolution quelconque ayant son axe n'importe où dans le plan de l'équateur du tore. Prenons un cercle méridien quelconque du tore et considérons la sphère qui passe par ce cercle et qui a son centre sur l'axe de la seconde surface. Cette sphère coupe la seconde surface suivant des parallèles, qui rencontrent le cercle méridien du tore en des points de l'intersection.

De même, si l'on a affaire à deux tores ayant en commun un cercle méridien, on pourra couper par une sphère variable passant par ce cercle. Elle coupera chaque tore suivant un deuxième cercle méridien et les deux cercles ainsi obtenus se rencontreront en deux points variables de l'intersection.

CHAPITRE VI.

SURFACE GAUCHE DE RÉVOLUTION.

70. **Généralités.** — On appelle *surface gauche de révolution* la surface engendrée par une droite tournant autour d'un axe qui ne la rencontre pas.

C'est à la fois une surface de révolution et une surface réglée; elle participe, par conséquent, à la fois aux propriétés particulières de ces deux catégories de surfaces.

Nous avons vu (t. II, n° 556) que c'est aussi un *hyperboloïde à une nappe* et nous le vérifierons, du reste, élémentairement, en cherchant la méridienne principale (n° 74).

Il en résulte que la surface possède toutes les propriétés des quadriques réglées (t. II, n° 447).

Supposons, pour simplifier, l'axe vertical, soit $(o, o'z')$. Soit (G, G') la droite génératrice. On a toutes les génératrices du même système, en la faisant tourner autour de l'axe d'un angle variable. C'est là un problème de Géométrie descriptive élémentaire. On facilite les constructions par la considération du *cercle de gorge*, c'est-à-dire du parallèle minimum. Ce cercle est décrit par le pied de la perpendiculaire commune à l'axe et à (G, G'). Comme l'axe est vertical, cette perpendiculaire se projette horizontalement suivant la perpendiculaire abaissée de o sur G, soit oa. Le point a se relève ensuite en a', sur G'. Dans la rotation, (a, a') décrit un cercle projeté horizontalement en vraie grandeur, suivant le cercle de centre o et de rayon oa et verticalement suivant le segment horizontal $c'd'$.

La trace horizontale (b, b') de (G, G') décrit un cercle de centre o et de rayon ob, qui constitue la *trace horizontale* H de la surface.

Au moyen de ces deux cercles, il est facile de construire rapidement une génératrice quelconque (G_1, G'_1) du premier système. D'abord, G_1, de même que G, est tangente à la projection horizontale du cercle de gorge (ce qui ne veut pas dire, bien entendu, que la génératrice soit tangente au cercle de gorge dans l'espace). Le point de contact a_1 se relève en a'_1, sur $c'd'$. La trace horizontale b_1 est un des deux points de rencontre de G_1 avec H. On le choisit, en remarquant que, dans la rotation, le sens positif défini, sur le cercle de

Fig. 33.

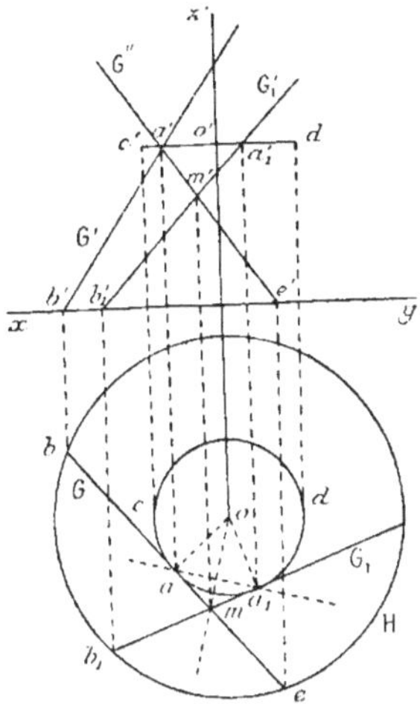

gorge, par la demi-tangente ab (t. II, n° 11), doit toujours rester le même. Cela fixe dès lors, le sens de a_1b_1 et, par suite, le choix de b_1. Ayant b_1, on le relève en b'_1 sur la ligne de terre ([1]). En joignant $a'_1b'_1$, on a G'_1.

71. Les *génératrices du second système* peuvent être définies comme symétriques des génératrices du premier système par rapport aux plans méridiens. Prenons, par exemple, la symétrique de (G, G') par rapport au plan méridien oa. Le point (a, a') ne change pas; quant au point (b, b'), il est remplacé par (e, e'), de sorte que (G, G'') est une génératrice du second système.

On voit qu'on peut distinguer les deux systèmes, sur la projection horizontale, par le sens de la demi-tangente au cercle de gorge

(1) On peut évidemment faire jouer à un parallèle quelconque autre que le cercle de gorge le rôle du parallèle H.

orientée du point de contact vers la trace horizontale. Cette demi-tangente définit deux sens de rotation opposés sur le cercle de gorge, suivant que la génératrice considérée appartient au premier ou au second système.

72. Il est facile de vérifier, sur les constructions ci-dessus, les propriétés fondamentales des deux systèmes de génératrices (t. II, nº 447).

Théorème I. — *Deux génératrices de même système ne sont pas dans un même plan.*

Car si les génératrices (G, G′) et (G_1, G'_1), par exemple, étaient dans un même plan, les droites aa_1 et bb_1, qui joignent des points de même cote, seraient parallèles. Or, cela est impossible, car elles font entre elles un angle égal à aoa_1.

Théorème II. — *Deux génératrices de systèmes différents sont dans un même plan.*

Les génératrices (G, G″) et (G_1, G'_1) sont dans un même plan, car les droites aa_1 et eb_1, qui joignent des points de même cote, sont parallèles. (Les segments a_1b_1 et ae sont symétriques l'un de l'autre par rapport à la droite om; donc, aa_1 et eb_1 sont perpendiculaires à cette droite et, par suite, parallèles.)

Les deux génératrices, étant dans un même plan, se rencontrent au point (m, m'). Le *plan tangent* en ce point à la surface est le plan des deux génératrices. Sa trace sur le plan du cercle de gorge est la droite (aa_1, $a'a'_1$), dont la projection horizontale est la polaire de m par rapport à la projection horizontale du cercle de gorge.

Théorème III. — *Tout plan passant par une génératrice est tangent à la surface.*

Donnons-nous un plan quelconque passant par (G, G″) au moyen de sa trace sur le plan du cercle de gorge, soit aa_1. Cette trace rencontre le cercle de gorge au point (a_1, a'_1). Menons la génératrice (G_1, G'_1) qui passe par ce point et qui est de système différent de (G, G″); elle rencontre (G, G″) en (m, m') et le plan donné est tangent à la surface en ce point.

73. Plans et cône asymptotes. — Le plan tangent au point à l'infini sur (G, G') ou plan asymptote est déterminé par la génératrice proposée et par la *génératrice parallèle* (G_1, G'_1). (On mène G_1 tangente au cercle de gorge et parallèle à G; puis, on choisit la trace horizontale b_1, de manière que les deux génératrices soient de systèmes différents; ou bien, on mène, par a'_1, G'_1 parallèle à G'.)

Fig. 34.

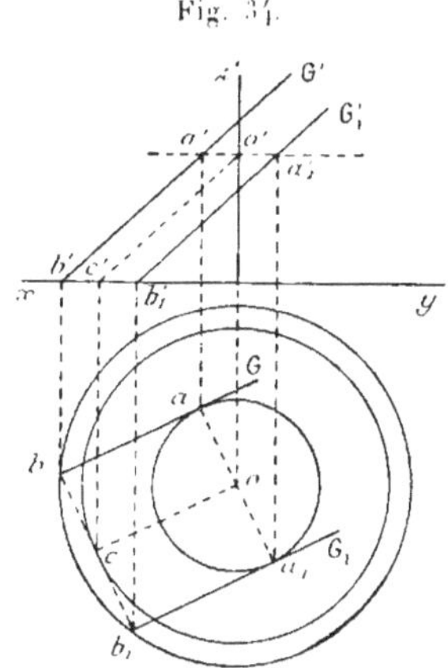

La trace de ce plan sur le plan du cercle de gorge est le diamètre aa_1. Donc, le plan asymptote passe par le centre (o, o') de la surface.

La trace horizontale du même plan est bb_1 parallèle à aa_1. Quand la génératrice proposée décrit la surface, le plan asymptote enveloppe un cône de sommet (o, o') et dont la base, dans le plan horizontal, est le cercle de centre o et de rayon oc, enveloppé par bb_1. Ce cône est le *cône asymptote* de la surface. Sa génératrice de contact avec le plan asymptote est la droite $(oc, o'c')$ équidistante des deux génératrices parallèles (G, G') et (G_1, G'_1).

74. Méridienne principale. — Nous savons que cette méridienne est une hyperbole de centre o' et d'axe non transverse $o'z'$. Ses asymptotes sont les génératrices de front A' et B' du cône asymptote. Enfin, ses sommets sont les extrémités a' et b' du diamètre de front du cercle de gorge.

Il est aisé de vérifier tout cela par des considérations élémentaires. Construisons un point quelconque (m, m') de la méridienne principale, en prenant la trace d'une génératrice quelconque (G, G') sur le plan méridien de front F. Considérons, d'autre part, les génératrices de front (A, A') et (B, B') qui sont

Fig. 35.

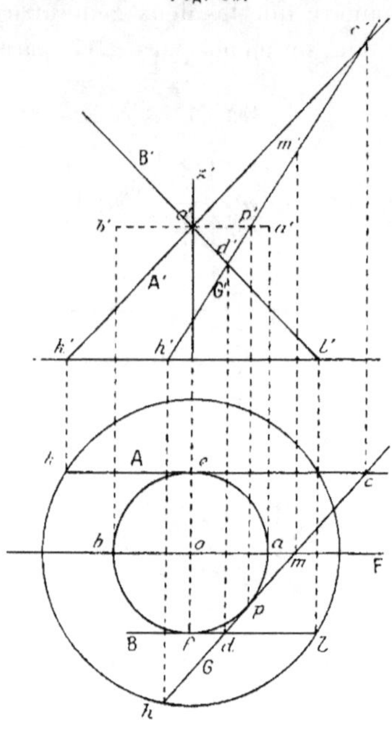

du système différent de (G, G'). Elle rencontrent cette dernière en (c, c') et (d, d'). Le point m étant au milieu de cd, m' est au milieu de $c'd'$. Il nous suffit, dès lors, de prouver que le produit $o'c'.o'd'$ est constant, car ce produit est le quadruple du produit des coordonnées de m', rapporté aux axes A' et B'. Or, si α désigne l'angle des génératrices avec l'axe de la surface, on a

$$o'c' = \frac{ec}{\sin\alpha}, \qquad o'd' = \frac{fd}{\sin\alpha}, \qquad o'c'.o'd' = \frac{ec.fd}{\sin^2\alpha}.$$

D'autre part, les longueurs ce et df sont respectivement égales à cp et à dp; donc, le produit $ec.fd$ est égal, au signe près, à $pc.pd$; il est donc égal à $\overline{op}^2$. Finalement, $o'c'.o'd' = \left(\frac{op}{\sin\alpha}\right)^2$; il est constant et le lieu de m' est bien une hyperbole admettant A' et B' pour asymptotes.

Le point m' étant au milieu de $c'd'$, cette dernière droite est, comme on sait (t. II, nº 541), la tangente en m'. De sorte que *la méridienne principale est l'enveloppe des projections verticales des génératrices*. Ceci est, d'ailleurs, un cas particulier d'une proposition plus générale (t. II, nº 369), si l'on observe que ladite méridienne est le contour apparent vertical de la surface.

De même, le contour apparent horizontal, qui est le cercle de gorge (nº 50), est, nous l'avons vu (nº 70), l'enveloppe des projections horizontales des génératrices.

75. **Problèmes sur les plans tangents.** — Tous les problèmes sur les plans tangents peuvent être résolus par les méthodes générales exposées aux nºs 53 à 61. Mais, on peut aussi les résoudre par des méthodes particulières, basées sur l'emploi des génératrices.

Problème I. — *Construire la courbe de contact du cône circonscrit à partir d'un point donné* (s, s').

Pour avoir un point quelconque de cette courbe, on l'assujettit à se trouver sur une génératrice donnée quelconque (G, G').

Bornons-nous à faire les constructions en projection horizontale, les projections verticales s'en déduisant par le moyen des lignes de rappel. Nous nous donnons la surface par son cercle de gorge C et sa trace H sur le plan horizontal du point donné s [1].

Fig. 36.

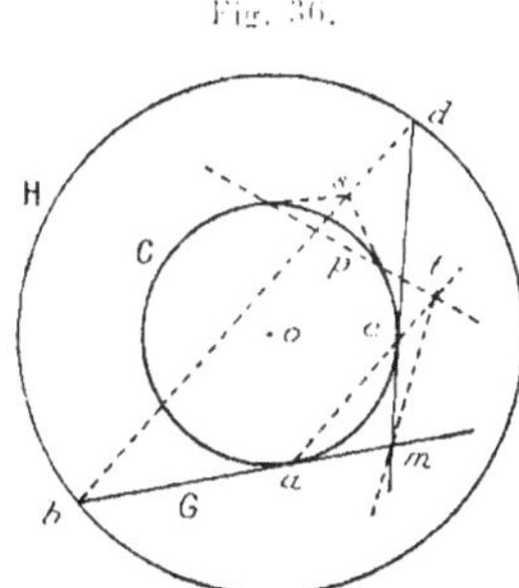

Le point cherché se trouve à l'intersection de G avec la génératrice

[1] Ceci exclut le cas où ce point se trouve dans le plan du cercle de gorge. Mais, dans ce cas, le plan de la courbe de contact est évidemment vertical et la projection horizontale de la courbe se fait sur la polaire de s par rapport à la projection du cercle de gorge.

de système différent située dans le plan (S, G). Pour construire cette seconde génératrice, cherchons le point où elle rencontre le cercle de gorge. A cet effet, nous prenons la trace du plan (S, G) sur le plan de ce cercle. Cette trace passe d'abord par la trace a de G. Ensuite, elle est parallèle à sb, trace de (S, G) sur le plan de H. Elle coupe C en c et la tangente en ce point à C est la projection de la génératrice cherchée (c'est aussi la droite cd). Elle rencontre G en m, qui est le point demandé.

Cherchons la *tangente en ce point*. Elle se trouve à l'intersection du plan tangent avec le plan polaire de S. Coupons ces deux plans par le plan de gorge. La trace du plan tangent est ac. La trace du plan polaire est la polaire p de s par rapport à C. En effet, cette trace se trouve dans les plans polaires de S et du point à l'infini dans la direction verticale; c'est donc la droite conjuguée de la verticale du point S (t. II, n° 436). Par suite, elle se trouve dans le plan polaire du point où cette verticale perce le plan de gorge; or, ce plan polaire contient évidemment la droite p.

Les droites ac et p se rencontrent maintenant au point t (qui se rappellerait sur la projection verticale du cercle de gorge) et la droite mt est la tangente cherchée.

76. *Points remarquables*. — Nous avons d'abord les *sommets* situés sur so. On pourrait les construire par la méthode du méridien (n° 57). Mais, il est plus simple d'appliquer la méthode précédente, en prenant pour droite bd la perpendiculaire à os. Les tangentes à C issues du point b, par exemple, rencontrent so aux sommets cherchés m et n.

Le milieu i de mn est le centre de la projection horizontale de la conique de contact; la perpendiculaire pq menée par ce point à os est le deuxième axe. Pour avoir les sommets correspondants, il suffit de couper par le plan horizontal équidistant des points M et N de l'espace. La section de la surface gauche est un parallèle, qui rencontre bn en un point g situé au milieu des points où cette génératrice rencontre les parallèles des points M et N. Le premier de ces deux points est f, obtenu en traçant le parallèle de m; le second est n. Nous prenons maintenant le milieu g de fn et nous traçons le parallèle qui passe par ce point. Il coupe la droite pq aux deux sommets p et q cherchés.

Si l'on rappelle les quatre points m, n, p, q en projection verticale, on obtient deux diamètres conjugués de cette projection (nº 61).

Les *points sur le contour apparent horizontal* sont les points de contact des tangentes à C menées par *s* (nº 2).

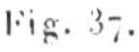
Fig. 37.

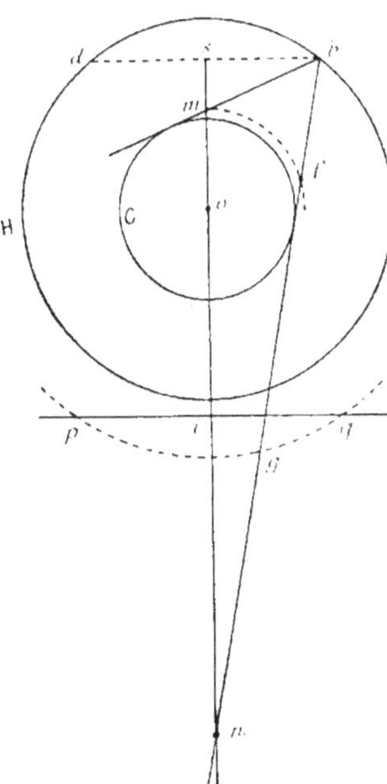

Les *points sur le contour apparent vertical* peuvent être obtenus par la méthode générale du méridien (nº 57). Il est plus simple de les construire au moyen des génératrices, en prenant *bd* perpendiculaire à la ligne de terre (¹).

77. Problème II. — *Mener les plans tangents parallèles à un plan donné.* — Le problème revient évidemment à construire *les génératrices parallèles à ce plan* et à les associer deux à deux, en les prenant de systèmes différents. On obtient d'ailleurs les direc-

(¹) D'une manière générale, on a les points sur un méridien donné en prenant *bd* perpendiculaire à ce méridien.

tions de ces génératrices en coupant le cône asymptote par un plan parallèle au plan donné mené par le sommet de ce cône.

La surface étant toujours déterminée par C et H, déterminons le plan donné par le centre o de la surface et par la droite P du plan de H. Construisons la trace Γ du cône asymptote et prenons ses deux points de rencontre a et b avec P. Les génératrices cherchées sont parallèles à oa et à ob. On a leurs projections A, A_1, B, B_1,

Fig. 38.

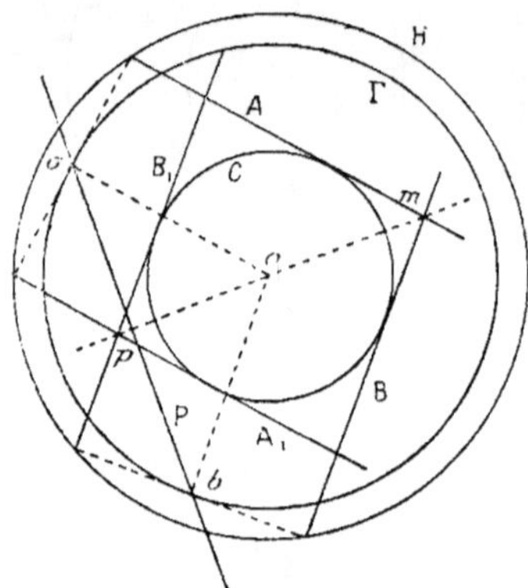

en menant les tangentes à C parallèles à ces deux droites. En associant A et B d'une part, A_1 et B_1 d'autre part, on obtient, en m et p, les points de contact des plans demandés.

Faisons remarquer que ces points sont sur la perpendiculaire à P, menée par o, car ils sont dans le plan méridien perpendiculaire au plan donné.

78. Problème III. — *Mener les plans tangents passant par une droite donnée.*

On peut d'abord appliquer la méthode du n° 55. Si l'on veut, au contraire, utiliser les génératrices, on peut s'appuyer sur ce fait que les génératrices situées dans les plans demandés rencontrent la droite D donnée aux deux points d'intersection de cette droite avec la surface. Inversement, supposons ces deux points construits. Menons les deux génératrices qui passent par chacun d'eux. En associant ces quatre génératrices deux à deux, en les prenant dans des systèmes différents, on a les plans demandés. On voit donc que le problème proposé revient à l'intersection d'une droite avec une surface gauche de révolution, problème qui sera résolu au n° 80.

79. **Section plane.** — Pour construire un point quelconque, on prend l'intersection d'une génératrice quelconque avec le plan sécant. On a la tangente en ce point, en menant la seconde génératrice qui en est issue et construisant l'intersection du plan de ces deux génératrices avec le plan sécant.

Dans la pratique, on cherche tout de suite les éléments de la section, comme il a été expliqué au n° 62. Observons seulement que pour avoir les sommets de l'axe situé dans le plan méridien de symétrie, on peut appliquer la méthode du cas III du n° 80; pour avoir les deux autres sommets (dans le cas de la section elliptique), on appliquera la méthode du cas II. Si la section est parabolique, on pourra construire le sommet, en appliquant la méthode du cas IV, puisque l'on connaît déjà un point d'intersection, à savoir le point à l'infini.

La construction des points sur le contour apparent horizontal est évidente. Pour avoir les points sur le contour apparent vertical, on peut procéder comme pour une surface de révolution quelconque, en utilisant la méridienne. On peut aussi construire, par la méthode du n° 80 (cas III), les points de rencontre de l'hyperboloïde avec la droite d'intersection du plan sécant et du plan de front de l'axe.

80. **Intersection avec une droite.** — Nous allons d'abord examiner plusieurs cas particuliers où la construction est simple.

I. *La droite est parallèle à l'axe.* — Si nous supposons toujours l'axe vertical, cela revient à chercher la projection verticale d'un point de la surface, connaissant sa projection horizontale m. On pourrait utiliser le parallèle qui passe par ce point, comme dans le cas d'une surface de révolution quelconque (n° 48). On peut aussi construire une des génératrices qui passent par le point cherché. Sa projection horizontale est une tangente ma menée de m à la projection du cercle de gorge. Elle rencontre le cercle H en deux points b et c, qui se rappellent en b' et c' sur la ligne de terre. Les droites $a'b'$ et $a'c'$ constituent les projections verticales des deux génératrices projetées horizontalement en ma. La ligne de rappel de m les rencontre en m' et m'', qui sont les projections verticales des points cherchés.

Remarquons que cette méthode revient à *couper la surface par un plan tangent au cercle de gorge mené par la droite donnée.*

Fig. 39.

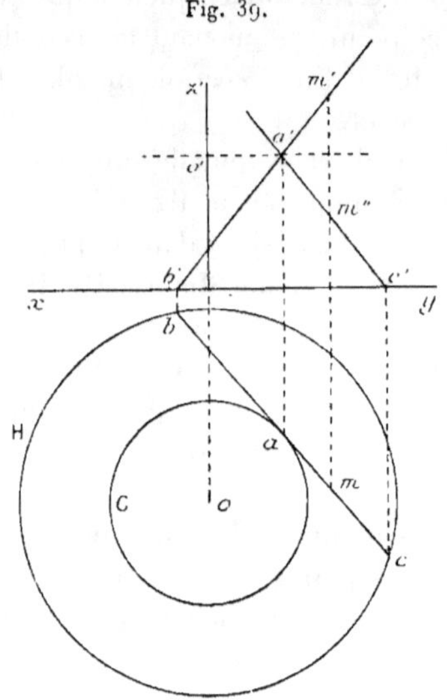

Cette interprétation peut servir à résoudre le problème, lorsque l'axe a une position quelconque par rapport aux plans de projection.

II. *La droite est perpendiculaire à l'axe.* — On coupe par le plan perpendiculaire à l'axe, comme pour une surface de révolution quelconque (n° 63). Bien entendu, pour déterminer le parallèle de section, on se sert du point de rencontre du plan auxiliaire avec une génératrice de la surface.

III. *La droite rencontre l'axe.* — *On coupe par le cône de révolution engendré par la droite en tournant autour de l'axe de la surface.* L'intersection se compose de deux parallèles, dont on prend les points de rencontre avec la droite. Pour avoir ces parallèles, on construit l'intersection d'une génératrice quelconque de la surface avec le cône. Les parallèles qui passent par ces points sont les parallèles cherchés.

Faisons l'épure dans le cas où l'axe est vertical. Prenons la génératrice de front (G, G'), par exemple. Le plan (sG, s'G') a pour

Fig. 40.

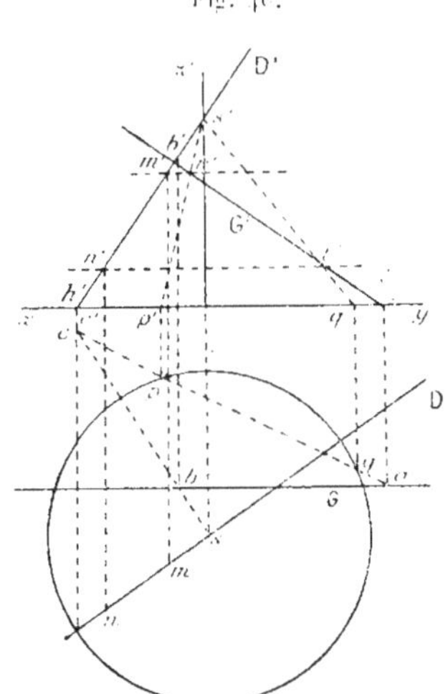

trace horizontale la droite ac. Cette trace rencontre la trace horizontale du cône auxiliaire aux deux points (p, p') et (q, q'). En joignant $s'p'$ et $s'q'$, on a, en r' et t', les projections verticales des points d'intersection de (G, G') avec le cône. En menant, par ces points, des horizontales, on a les projections verticales des parallèles cherchés. Elles rencontrent D' en m', n', qui se rappellent en m, n sur D. Les points (m, m') et (n, n') sont les points demandés.

IV. *La droite est quelconque; mais on connaît déjà un des points d'intersection.* — On construit l'une des génératrices qui passent par ce point, soit G. Puis, on coupe par le plan (D, G); on obtient une deuxième génératrice, qui rencontre D au second point d'intersection cherché.

Faisons encore l'épure, en supposant l'axe vertical. Soit (p, p') le point connu, situé sur la génératrice (G, G'). Nous prenons la trace (ab, $a'b'$) du plan (GD, G'D') sur le plan de gorge. La droite ab rencontre le cercle de gorge en c. Nous menons la tangente en ce point à ce cercle ; elle rencontre D en m, que nous rappelons en m', sur D'. Le point (m, m') est le point cherché.

Fig. 41.

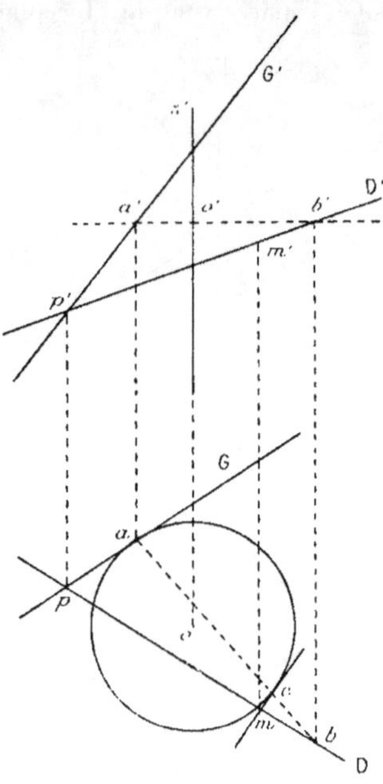

81. *Cas général.* — Nous indiquerons la *méthode* dite « de Rouché ». Coupons par la surface auxiliaire obtenue en faisant tourner la droite D autour d'un axe choisi de telle manière que les deux surfaces aient même plan de gorge. Leur intersection admet ce plan comme plan de symétrie et s'y projette; par conséquent, suivant une conique. Cette conique passe par les points de rencontre des deux cercles de gorge, donc, en particulier, par les points cycliques. C'est donc un cercle. Elle rencontre la projection de D aux projections des deux points demandés.

Faisons l'épure, en supposant toujours l'axe vertical. La droite (D, D') perce le plan de gorge en (a, a'). La trace horizontale de l'axe de la surface auxiliaire doit se trouver sur la perpendiculaire menée par a à D; prenons-la, par exemple, en p, en nous arrangeant pour que le nouveau cercle de gorge E rencontre le premier en deux points réels b et c, qui sont déjà deux points du cercle F, suivant lequel se projette l'intersection des deux surfaces. Construisons ensuite deux autres points de ce cercle, en coupant les deux surfaces par un plan horizontal. Nous obtenons le cercle H dans la surface donnée et le cercle I, de centre p et de rayon pd, dans la surface auxiliaire. Ces deux cercles se rencontrent en e et f. Nous traçons le

Fig. 42.

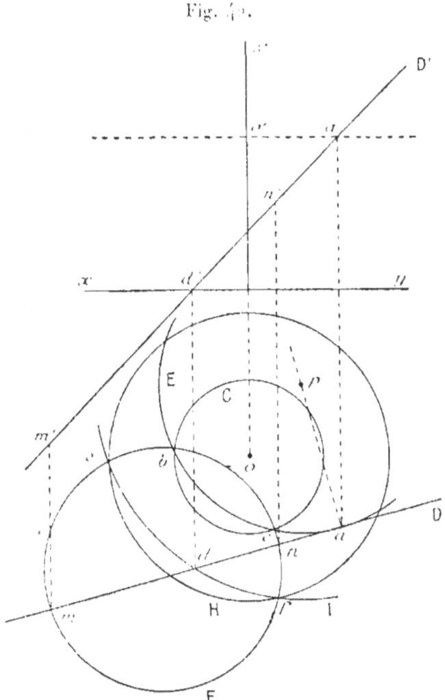

cercle F qui passe par b, c, e, f; il rencontre D en m, n, qui se rappellent en m', n' sur D'. Les points (m, m') et (n, n') sont les points cherchés.

82. Intersection avec une surface quelconque. — Pour construire l'intersection d'une surface gauche de révolution A avec une autre surface B, on peut considérer A soit comme une surface de révolution, en appliquant les méthodes du Chapitre précédent, soit comme une surface réglée, en prenant l'intersection des génératrices successives avec B. Par exemple, si B est un cône, on peut appliquer la méthode du n° 65; mais, on peut aussi couper par des plans auxiliaires passant par le sommet du cône et par les génératrices de A. De même, si les deux surfaces sont des hyperboloïdes ayant une génératrice commune, on coupera par un plan variable passant par cette génératrice.

82 *bis*. **Cas où l'axe est oblique.** — Lorsque l'axe de la surface est oblique sur les deux plans de projection, les diverses constructions étudiées dans ce Chapitre sont généralement beaucoup plus compliquées que dans le cas où l'axe est vertical ou de bout.

Le cercle de gorge doit alors être déterminé par son plan et par une sphère. Les constructions où intervient ce cercle se font par un rabattement ou par un changement de plan. Si, par exemple, l'axe est de front, il y a avantage à prendre le plan de gorge comme plan horizontal auxiliaire.

Le contour apparent horizontal est la section de la surface par le plan diamétral conjugué des cordes verticales. Pour déterminer ce plan, on peut remplacer l'hyperboloïde par son cône asymptote et l'on est ramené à chercher le plan des génératrices de contour apparent horizontal de ce cône. Ces génératrices sont, du reste, les asymptotes du contour apparent de l'hyperboloïde. Si elles sont réelles, c'est-à-dire si la verticale qui passe par le centre de la surface est extérieure au cône asymptote, le contour apparent est une hyperbole. Il est, au contraire, une ellipse, si la verticale ci-dessus est intérieure au cône asymptote. Enfin, si le cône asymptote admet une génératrice verticale, le contour apparent se réduit à deux points, qui sont les traces horizontales des deux génératrices verticales de la surface. (Les plans tangents verticaux sont, en effet, les plans qui passent par l'une ou l'autre de ces deux génératrices; leurs traces horizontales enveloppent donc les deux points ci-dessus.)

CHAPITRE VII.

QUADRIQUES QUELCONQUES.

83. **Hyperboloïde à une nappe.** — Le cas le plus intéressant au point de vue de la Géométrie descriptive est celui des *quadriques réglées*, grâce à l'emploi qu'on peut faire des génératrices rectilignes pour la résolution des divers problèmes. Nous allons commencer par étudier l'*hyperboloïde à une nappe*.

Une telle surface est entièrement déterminée par la connaissance de *trois génératrices de même système* G_1, G_2, G_3. Pour construire une génératrice quelconque G' du second système, on coupe par un plan quelconque P passant, par exemple, par G_1. Ce plan coupe G_2 et G_3 en deux points, qu'il suffit de joindre pour avoir la génératrice cherchée. On peut construire, de cette manière, trois génératrices du second système, soit G'_1, G'_2, G'_3. Puis, en leur appliquant la méthode précédente, on peut construire autant de génératrices que l'on veut du premier système.

Pour avoir un point quelconque de la surface, on prend un point quelconque sur une génératrice quelconque. On détermine le plan tangent en ce point par ladite génératrice et par la deuxième génératrice passant par le point. (Pour construire cette deuxième génératrice, on construit la droite qui passe par le point et qui s'appuie sur deux génératrices de l'autre système, ce qui est un problème élémentaire bien connu.)

Corrélativement, si l'on veut avoir le point de contact d'un plan mené par une génératrice, on prend l'intersection de celle-ci avec la génératrice du second système contenue dans le plan (laquelle est obtenue en joignant les points de rencontre du plan avec deux génératrices quelconques du premier système).

84. **Cône asymptote.** — On construit les génératrices parallèles

aux génératrices données G_1, G_2, G_3. Par exemple, la génératrice parallèle à G_1 s'obtient en menant par G_2 un plan parallèle à G_1; ce plan rencontre G_3 en un point qui appartient à la génératrice cherchée. Le plan de deux génératrices parallèles est, comme on sait, un plan asymptote, qui touche le cône asymptote suivant la droite équidistante des deux génératrices considérées. Quand on aura fait la construction indiquée au début de ce paragraphe, on possédera donc trois plans asymptotes et leurs génératrices de contact avec le cône asymptote, ce qui est plus que suffisant pour déterminer ce dernier. (Sa base dans un plan quelconque est déterminée par trois points et les tangentes en ces points.)

On peut observer que les six génératrices deux à deux parallèles dont il est question ci-dessus sont six arêtes d'un parallélépipède, dont les trois plans asymptotes précédents sont des plans diagonaux et dont le centre est aussi le centre de l'hyperboloïde.

85. **Contours apparents.** — Le contour apparent horizontal, par exemple, est l'enveloppe des projections horizontales des génératrices. Pour avoir le point de contact de la projection g de G, on construit la génératrice du second système contenue dans le plan vertical passant par G; cette génératrice rencontre G en un point, dont la projection horizontale est le point de contact cherché.

La courbe de contour apparent dans l'espace est la section de la surface par le plan diamétral conjugué des cordes verticales. Elle admet pour asymptotes les génératrices de contour apparent horizontal du cône asymptote. Suivant que ces génératrices sont réelles ou imaginaires, le contour apparent de l'hyperboloïde est une hyperbole ou une ellipse. Dans le cas intermédiaire où le cône asymptote a une génératrice verticale, l'hyperboloïde a deux génératrices verticales, dont les traces horizontales constituent le contour apparent (dégénérescence tangentielle; *cf.* t. II, n° 442). Toute courbe tracée sur la surface a une projection horizontale qui passe, en général, par ces deux points (elle passe par chacun d'eux un nombre de fois égal au nombre des points de rencontre de la courbe de l'espace avec la génératrice verticale qui se projette au point considéré), en y changeant de ponctuation. Il est assez difficile, dans ce cas particulier, de se représenter la surface en projection horizontale. Par contre, ce cas est avantageux au point de vue des constructions relatives aux génératrices, parce que, dans chaque système, les projections horizontales de ces droites passent par un point fixe, qui est la trace horizontale de la génératrice verticale appartenant à l'autre système.

86. **Problèmes relatifs aux plans tangents.** — Ils se résolvent, en principe, comme dans le cas de la surface gauche de révolution. L'exécution de l'épure seule diffère, car on n'a plus ni cercle de gorge, ni parallèles pour faciliter la construction des génératrices, lesquelles doivent être construites suivant les principes exposés au n° 83.

La courbe de contact du cône circonscrit à partir d'un point donné S se détermine par points, en cherchant le point de contact du plan passant par S et par une génératrice quelconque. On peut aussi se ramener à une section plane, en déterminant le plan polaire de S, ce qui peut se faire en construisant trois points de la courbe de contact par la méthode ci-dessus.

Pour construire les plans tangents parallèles à un plan donné, on cherche les génératrices parallèles à ce plan, en déterminant d'abord leurs directions par l'intersection du cône asymptote avec un plan mené par son sommet parallèlement au plan donné (*cf.* n° 77).

Pour mener les plans tangents par une droite donnée, on construit les génératrices issues des points de rencontre de cette droite avec la surface (n° 78).

87. **Sections planes.** — La construction d'un point courant est la même qu'au n° 79. Quant aux éléments de la section, ils ne sont faciles à déterminer que dans le cas de la section hyperbolique; on construit, alors, les asymptotes, qui sont les mêmes que pour la section du cône asymptote par le même plan.

Si la section est elliptique, on peut chercher ses axes (dans l'espace ou en projection) en remarquant qu'ils sont encore les mêmes que pour la section du cône asymptote. La détermination des sommets se ramène ensuite à l'intersection d'une droite avec l'hyperboloïde (n° 88). On peut aussi se servir des sommets de la section du cône asymptote, en se rappelant que les deux sections sont homothétiques et concentriques. Dans tous les cas, les constructions sont compliquées. On peut encore construire deux diamètres conjugués, en remarquant qu'il est possible d'avoir les points de contact des tangentes à la section parallèles à une direction donnée, en prenant les points de rencontre de la surface avec l'intersection du plan sécant et du plan diamétral conjugué de la direction considérée. Mais, cela non plus n'est pas simple.

Lorsque la section est parabolique, on peut se servir de la section du cône asymptote, en remarquant que les deux courbes peuvent se déduire l'une de l'autre par une translation parallèle à leur direction asymptotique commune. On peut aussi se borner à construire deux points et la tangente en l'un d'eux. On connaît alors chaque projection par un diamètre, la tangente à l'extrémité de ce diamètre et un point, ce qui suffit pour la construire pratiquement (n° 143).

88. **Intersection avec une droite.** — On est ramené à construire une droite s'appuyant sur quatre droites : G_1, G_2, G_3 et la droite D donnée. On peut résoudre ce problème de la manière suivante. Prenons un point P quelconque sur G_3, par exemple. Les plans (P, G_1) et (P, G_2) rencontrent D en deux points M et M', qui décrivent des divisions homographiques. Les points doubles de ces divisions sont les points d'intersection cherchés.

Dans le cas particulier où l'on connaît déjà un des points d'intersection, la construction est beaucoup plus simple. On peut, en effet, suivre la méthode indiquée pour le cas IV du n° 80.

89. **Paraboloïde hyperbolique.** — On peut encore le déterminer par trois génératrices de même système; mais alors, ces trois droites doivent être *parallèles à un même plan*. On peut en déduire toutes les génératrices des deux systèmes comme il a été expliqué au n° 83.

On peut aussi se donner deux génératrices d'un système et le plan directeur de l'autre système. (C'est le cas où la troisième génératrice est rejetée à l'infini.) Dans ce cas (auquel on peut évidemment toujours se ramener), on a une génératrice quelconque du second système en coupant les deux génératrices données par un plan quelconque parallèle au plan directeur et joignant les deux points de rencontre. La construction est particulièrement simple lorsque le plan directeur est parallèle à un plan de projection.

Les différents problèmes examinés précédemment se traitent de la même manière que dans le cas de l'hyperboloïde. Toutefois, il n'y a pas de cônes asymptotes, les plans asymptotes étant les plans parallèles aux plans directeurs. En outre, les contours apparents sont toujours des paraboles, puisque tout plan diamétral coupe la surface suivant une telle courbe. Dans le cas particulier où un plan directeur est perpendiculaire à un plan de projection, le contour apparent sur ce plan se réduit à un point. Si, par exemple, le premier plan directeur est vertical, parmi les génératrices du premier système se trouve une génératrice verticale, dont la trace constitue le contour apparent horizontal (*cf.* n° 85). Toutes les génératrices du second système ont des projections horizontales qui passent par ce point et cela simplifie évidemment leur construction.

On peut aisément *construire le sommet et l'axe du paraboloïde*. La direction de cet axe est l'intersection des plans directeurs. Le plan tangent au sommet est le plan tangent perpendiculaire à cette direction. Comme on sait (n° 86) mener le plan tangent parallèle à un plan quelconque, on saura, en particulier, mener celui-là; son point de contact sera le sommet cherché. En menant par ce point la parallèle à l'intersection des plans directeurs, on aura l'axe.

90. **Intersection d'une quadrique réglée avec une surface quelconque.** — On peut construire cette intersection si l'on sait construire l'intersection de la surface avec une droite quelconque. On cherche alors ses points de rencontre avec les génératrices successives de la quadrique. Par exemple, si la surface est un cône, on coupe par un plan passant par le sommet du cône et par une génératrice quelconque de la quadrique (*cf.* n° 82). Si l'on a affaire à deux quadriques ayant une génératrice commune, on coupe par un plan variable contenant cette génératrice; on obtient, dans chaque surface, une génératrice de l'autre système; ces deux génératrices se rencontrent en un point de la courbe d'intersection. Cette courbe est, en général, une cubique gauche (abstraction faite de la génératrice commune). Les divers cas de dégénérescence ont été étudiés dans le Tome II (n° 491). Ses points de rencontre avec la génératrice commune sont les deux points de raccordement: on les construit comme points doubles de deux divisions homographiques (*cf.* Chap. VI, Exercice proposé n° 2). Dans le cas particulier où les surfaces se raccordent tout du long de la génératrice, on sait (t. II, n° 491) que le reste de l'intersection se compose de deux génératrices de l'autre système. Pour les construire, on peut chercher les deux points de rencontre d'une génératrice quelconque de l'une des surfaces avec l'autre, puis, mener, par chacun de ces points, la génératrice du second système de l'une quelconque des deux surfaces.

91. **Ellipsoïde.** — Bornons-nous à étudier le cas où *l'un des axes est vertical*, la surface étant déterminée par les deux sommets de cet axe et par

la projection horizontale de l'ellipse de section par le plan principal horizontal.

Le contour apparent horizontal n'est autre que cette ellipse. Quant au contour apparent vertical, c'est une ellipse obtenue en coupant la surface par le plan déterminé par l'axe vertical et les points de contact des tangentes de bout à l'ellipse principale horizontale. Les traces verticales de ces tangentes sont deux sommets du contour apparent cherché; les deux autres sommets sont ceux de l'axe vertical de l'ellipsoïde.

Intersection avec une surface susceptible d'être engendrée par des droites ou des cercles situés dans des plans horizontaux. — On coupe par ces plans. On obtient, chaque fois, dans l'ellipsoïde, une ellipse dont il faut prendre l'intersection avec la droite ou le cercle de l'autre surface. Pour éviter de construire chaque fois cette ellipse, on remarque qu'elle est homothétique de l'ellipse principale horizontale, dans un rapport qui est donné par l'intersection du plan sécant avec une des deux autres ellipses principales. On effectue alors, sur la projection horizontale de la droite ou du cercle, une homothétie inverse de la précédente; on prend les points d'intersection avec l'ellipse principale horizontale; puis, on effectue, sur ces points, l'homothétie directe qui ramène cette ellipse principale sur l'ellipse de section par le plan auxiliaire; on obtient ainsi des points de la courbe qu'il s'agit de construire (*cf.* n° 65).

Ce procédé peut s'appliquer, en particulier, pour construire une *section plane quelconque de l'ellipsoïde*. On obtient chaque fois deux points, dont le milieu décrit le diamètre conjugué des cordes horizontales de l'ellipse de section. On a les extrémités de ce diamètre en construisant son intersection avec l'ellipsoïde, comme il est expliqué plus loin. En coupant par le plan horizontal qui passe par le milieu de ce diamètre, on a, d'autre part, les extrémités du diamètre horizontal. On obtient finalement deux diamètres conjugués, ce qui permet de construire pratiquement les deux projections de la section.

On peut ramener à ce problème la construction de la *courbe de contact d'un cône circonscrit*, puisque cela revient à couper l'ellipsoïde par le plan polaire du sommet du cône. Pour avoir ce plan polaire, il suffit d'en construire trois points, qui seront, par exemple, les points de la courbe de contact situés sur les contours apparents, points qui se déterminent par l'application du théorème III du n° 2. On peut d'ailleurs aussi construire directement les points situés dans un plan horizontal quelconque. On remplace l'ellipsoïde par le cône circonscrit le long de la section par ce plan et l'on prend pour base de ce cône l'ellipse horizontale suivant laquelle il coupe le cylindre vertical circonscrit à l'ellipsoïde (*cf.* n° 55).

Intersection avec une droite quelconque. — On coupe par le plan projetant horizontalement la droite. La section de l'ellipsoïde par ce plan est une ellipse, dont on a très facilement les sommets. On construit son intersection avec la droite, en la rabattant sur le plan principal horizontal et se servant du cercle homographique (t. II, n° 539).

92. Paraboloïde elliptique. — Bornons-nous encore au cas où *l'axe est vertical.* La manière la plus simple de définir le paraboloïde consiste à se donner son sommet et une ellipse E de section par un plan horizontal.

Le contour apparent horizontal n'existe pas. Le contour apparent vertical est une parabole, ayant même sommet et même axe que le paraboloïde et dont on peut construire deux points en menant les tangentes de bout à l'ellipse E.

Tous les problèmes étudiés précédemment pour un ellipsoïde se traitent d'une manière analogue pour un paraboloïde elliptique. L'intersection avec une droite seule ne se construit pas de la même manière, parce que la section par le plan projetant horizontalement la droite est une parabole et non plus une ellipse. On pourrait évidemment construire les points de rencontre de la droite avec cette parabole, en faisant un rabattement et employant la méthode élémentaire bien connue, qui utilise le foyer et la directrice. Il nous paraît plus simple de procéder de la manière suivante.

Soient a et b les demi-grand axe et petit axe de l'ellipse E. Faisons la transformation homographique qui consiste à amplifier toutes les distances au plan projetant horizontalement le grand axe dans le rapport $\frac{a}{b}$. L'ellipse E devient un cercle et le paraboloïde devient un paraboloïde de révolution. On construit l'intersection de ce dernier avec la droite transformée de la droite proposée (n° 64). Puis, on fait, sur les points obtenus, la transformation inverse de la précédente.

93. Hyperboloïde à deux nappes. — On peut le définir par ses deux hyperboles principales ou bien par ses deux sommets et une section elliptique de plan perpendiculaire à l'axe joignant ces sommets.

Si cet axe est vertical, il n'y a pas de contour apparent horizontal et le contour apparent vertical est une hyperbole admettant pour sommets les sommets de la surface et pour asymptotes les génératrices de contour apparent vertical du cône asymptote, lesquelles peuvent être construites aisément, si l'on se rappelle que toute base horizontale de ce cône est une ellipse homothétique à l'ellipse donnée de l'hyperboloïde.

Si le plan horizontal est parallèle au plan d'une des hyperboles principales, cette hyperbole constitue le contour apparent horizontal. Le contour apparent vertical est une hyperbole, si le diamètre de bout de l'hyperbole précédente est un diamètre imaginaire. On en a encore les asymptotes par les génératrices de contour apparent vertical du cône asymptote. On a ses deux sommets en prenant les traces verticales des tangentes de bout de l'hyperbole principale horizontale.

Les différents problèmes étudiés à propos de l'ellipsoïde se résolvent d'une manière analogue dans le cas de l'hyperboloïde à deux nappes. Mais, au lieu de n'avoir à considérer que des sections elliptiques, on peut avoir affaire à des sections hyperboliques et même paraboliques, dans le problème de l'intersection avec une droite.

CHAPITRE VIII.

PROJECTIONS COTÉES; SURFACES TOPOGRAPHIQUES.

94. **Projections cotées.** — Le système des projections cotées consiste, comme on sait, à n'utiliser qu'un seul plan de projection, qui est un plan horizontal, et à définir chaque point de l'espace par sa projection et par sa cote.

On peut, avec ce système, résoudre les mêmes problèmes qu'en Géométrie descriptive. Les méthodes générales sont identiques; l'exécution seule diffère. Les constructions de la Géométrie cotée se font ordinairement avec le secours de plans verticaux auxiliaires, choisis de manière à donner les constructions les plus simples et pouvant très bien varier plusieurs fois au cours d'un même problème. Il est clair que, dans ce cas, on retombe sur les méthodes de la Géométrie descriptive, avec cette seule particularité qu'on fait un emploi systématique des changements de plans et qu'on ne se préoccupe pas de construire les projections de tous les résultats sur un même plan vertical imposé à l'avance, ce qui est évidemment une simplification.

Il arrive aussi qu'on remplace certaines constructions par des calculs, dans lesquels on fait intervenir les cotes des différents points de la figure, en même temps que leurs distances horizontales.

En combinant ces deux manières de procéder, on peut, en particulier, résoudre tous les problèmes classiques sur la droite et le plan, avec une simplicité souvent plus grande qu'en Géométrie descriptive. Nous supposons que ces constructions élémentaires sont connues du lecteur.

On peut aussi aborder l'étude des surfaces courbes et reprendre toutes les questions étudiées dans les Chapitres précédents. Mais, si l'on peut y gagner au point de vue de la simplicité des constructions, il faut reconnaître que l'on aboutit à un résultat moins satisfaisant,

car, si l'on a affaire à une figure un peu compliquée, on se la représente beaucoup plus difficilement avec une seule projection qu'avec deux. C'est pourquoi la Géométrie descriptive continue à être employée, de préférence à la Géométrie cotée, sauf pour le cas, signalé plus haut, des constructions élémentaires sur la droite et le plan, ligne et surface pour lesquelles la difficulté de représentation n'existe pas. (Dans le dessin industriel, il arrive même fréquemment que deux projections sont jugées insuffisantes et qu'on leur en adjoint une troisième : plan, élévation, profil.)

95. **Surfaces topographiques.** — La véritable raison d'être du système des projections cotées est la représentation des *surfaces topographiques*.

Supposons que l'on veuille faire la carte d'une certaine région ou bien utiliser cette carte pour résoudre certains problèmes topographiques. On ne peut évidemment représenter avec exactitude la surface du sol, en tenant compte de tous ses détails (maisons, arbres, rochers, cailloux, grains de sable, etc.) (1). On lui substitue alors une surface conventionnelle moyenne, qui en épouse les détails avec une précision plus ou moins grande, suivant l'échelle adoptée pour faire la carte (et aussi suivant la précision avec laquelle ont été faits la planimétrie et le nivellement de la région). Une telle surface porte le nom de *surface topographique*.

Elle n'est évidemment susceptible d'aucune définition géométrique. Pratiquement, elle est déterminée par la connaissance de quelques points, entre lesquels on interpole. Chacun de ces points est lui-même connu par sa projection horizontale (planimétrie) et par sa cote au-dessus d'un certain plan horizontal de référence (2) (nivellement). Le système des projections cotées semble dès lors tout indiqué pour la représenter.

Il serait au surplus extrêmement peu pratique de construire et

(1) Il est même impossible de concevoir une telle surface, pour laquelle la notion courante de surface géométrique disparait totalement. Sa forme se modifie, suivant l'échelle à laquelle on se place pour l'observer, par exemple, suivant qu'on la regarde du haut d'une montagne, ou bien en s'y promenant, ou bien au microscope. En aucun point, elle n'admet de plan tangent.

(2) Nous supposons la région considérée assez petite pour qu'on puisse négliger la courbure de la Terre. Pour ce qui concerne les différents modes de construction des cartes, *cf.* t. II, Chap. XXVIII, Exercices résolu n° 2 et proposés n° 5, 6, 7.

d'utiliser des cartes comportant deux projections, d'autant plus que la projection horizontale est de beaucoup la plus importante. En outre, la projection verticale, pour être lisible, devrait être construite à une échelle beaucoup plus grande que la projection horizontale, à cause de la petitesse des dénivellations comparativement aux distances horizontales.

Pour toutes ces raisons, le système des projections cotées s'impose dans la représentation des surfaces topographiques.

96. Lignes de niveau, de plus grande pente, d'égale pente. — Une surface topographique ne pouvant être définie géométriquement, il faudrait théoriquement, pour la déterminer, se donner la projection horizontale et la cote de chacun de ses points. Pratiquement, cela est impossible et d'ailleurs inutile et l'on se contente de représenter la surface par ses *lignes de niveau*. On appelle ainsi les sections de la surface par une série de plans horizontaux équidistants, dont les cotes au-dessus du niveau de la mer sont les multiples consécutifs d'un nombre entier de mètres, appelé *équidistance* et d'autant plus petit que l'échelle de la carte est plus grande. A côté de chaque ligne de niveau, on marque sa cote. (Pour rendre la carte plus lisible, on se contente souvent de marquer les cotes rondes, par exemple les multiples de 100^m, si l'équidistance est de 20^m.)

On appelle *ligne de plus grande pente* une ligne tracée sur la surface et qui, en chacun de ses points, a la pente maximum. En chaque point, la tangente est la ligne de plus grande pente du plan tangent, c'est-à-dire la perpendiculaire aux horizontales de ce plan ; elle est donc perpendiculaire à la tangente à la ligne de niveau. Il suit de là que *les lignes de plus grande pente sont les trajectoires orthogonales des lignes de niveau*. Cette propriété se conserve d'ailleurs en projection horizontale, parce que les tangentes aux lignes de niveau sont horizontales. On peut en tirer la construction pratique de la ligne de plus grande pente issue d'un point donné A de la surface.

Supposons qu'on veuille la partie descendante de cette ligne (ce serait la trajectoire d'une goutte d'eau qui partirait de A). On abaisse de A la normale sur la ligne de niveau dont la cote est immédiatement inférieure à celle de A. Puis, du pied de cette normale, on abaisse une normale sur la ligne de niveau suivante et ainsi de suite. On joint tous les pieds par un trait continu et régulier et l'on a la projection horizontale de la ligne demandée, avec une approximation d'autant plus grande que l'équidistance est plus petite.

On appelle *ligne d'égale pente* une ligne dont la pente est constante, c'est-à-dire dont toutes les tangentes sont également inclinées sur le plan horizontal.

On peut mener, par un point donné A, une ligne ayant une pente donnée p, à condition que cette pente soit au plus égale à la pente de la surface (c'est-à-dire du plan tangent) en ce point. Supposons, par exemple, qu'on veuille construire la partie descendante de cette ligne. On commence par évaluer la différence de cote z entre A et la ligne de niveau L immédiatement inférieure (en interpolant entre cette ligne et la ligne immédiatement supérieure, sur la ligne de plus grande pente, pour avoir l'exactitude maximum). On calcule ensuite, en tenant compte de l'échelle, la distance $\frac{z}{p}\cdot$ Du point A comme centre, avec un rayon égal à cette distance, on décrit une circonférence, qui rencontre L en deux points A' et B'. (Ces points sont réels, parce que p est inférieure à la pente de la surface.) On choisit l'un d'eux, A' par exemple, et l'on répète sur lui la construction que l'on vient de faire sur A (la distance z est alors égale à l'équidistance); on obtient ainsi deux points A'' et B''. On choisit celui qui se trouve, par rapport à la normale en A' à L, du côté opposé à A (car la ligne cherchée doit évidemment traverser les lignes de plus grande pente). On continue de la sorte, tant que la construction est possible et l'on joint les points obtenus par un trait continu et régulier.

Il y a deux solutions, correspondant aux deux manières de choisir A' après la première construction. Les tangentes en A à ces deux lignes sont les deux droites de pente p menées par A dans le plan tangent.

Lorsque la construction devient impossible, c'est-à-dire lorsque la circonférence ne rencontre plus la ligne de niveau à laquelle on veut aboutir, cela signifie qu'on est arrivé à la limite d'une région de la surface où la pente est supérieure à p, région dans laquelle on ne peut pénétrer. On doit alors rebrousser chemin, tangentiellement à une ligne de plus grande pente et remonter vers les altitudes qu'on vient de traverser.

97. **Sommets, fonds, cols.** — Ce sont tous les points de la surface où *le plan tangent est horizontal.*

Un tel point est un *sommet*, si la surface y est concave vers le bas (*cf.* t. II, n° 340). Les lignes de niveau de cotes infiniment voisines sont sensiblement des ellipses homothétiques à l'indicatrice d'Euler (t. II, n° 342). Elles ne sont, bien entendu, réelles que pour les cotes inférieures à celles du sommet, qui est une cote maximum. Pratiquement, les lignes de niveau au voisinage d'un sommet sont des lignes

Fig. 43.

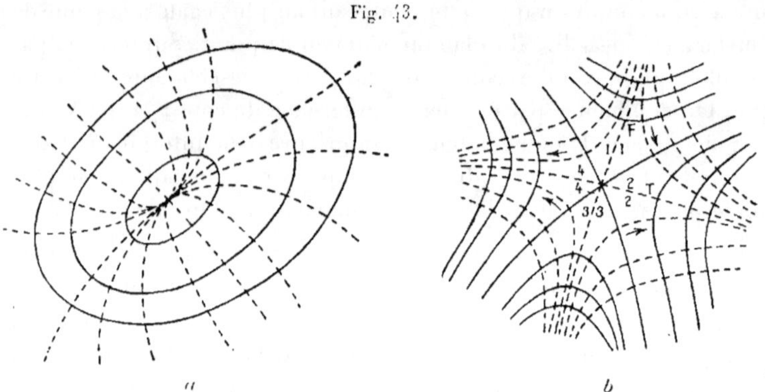

a *b*

fermées, (*fig.* 43, *a*) qui ne ressemblent que grossièrement à des ellipses (sauf pour la première, si la cote du sommet est très légèrement supérieure à une cote ronde), en raison de la grandeur de l'équidistance, qui est loin d'être infiniment petite. Ajoutons qu'elles sont très espacées horizontalement, car elles sont tracées dans une région de faible pente. (Il peut y avoir, bien entendu, des exceptions, par exemple si le sommet considéré est un pic très aigu, comme il arrive dans les régions montagneuses.) Sur les cartes, on marque chaque sommet par un point figurant sa projection horizontale et à côté duquel on inscrit la cote. Ce point doit tenir lieu de ligne de niveau pour toutes les constructions devant être effectuées à l'intérieur de la ligne de niveau de cote immédiatement inférieure.

Un point est un *fond*, si la surface y est concave vers le haut, c'est-à-dire si c'est un point de cote minimum. Tout ce qui vient d'être dit pour les sommets peut se répéter intégralement pour les fonds, avec cette seule différence que les cotes voisines sont supérieures, au lieu d'être plus petites.

Un *col* est un point à plan tangent horizontal, où la surface est à courbures opposées (t. II, n° 340). Sa cote n'est ni maximum ni minimum. Dans son voisinage, les lignes de niveau sont sensiblement des hyperboles homothétiques à l'indicatrice d'Euler, ayant pour axe transverse l'une ou l'autre des tangentes principales, suivant qu'elles ont une cote supérieure ou inférieure à celle du col (*fig.* 43, *b*). Si le col est à cote ronde, la ligne de niveau correspondante l'admet comme point double. Dans les angles 1 et 3, par exemple, le terrain monte ; il descend, au contraire, dans les angles 2 et 4.

98. **Lignes de plus grande pente issues d'un sommet, d'un fond ou d'un col.** — Si l'on cherche à construire la ligne de plus grande pente issue d'un point A à plan tangent horizontal, on est tout de suite embarrassé, car on ne sait pas quelle est la tangente au point de départ, puisque toutes les tangentes en ce point ont même pente, à savoir une pente nulle. Effectivement, si l'on traite la question par le calcul, en supposant connue l'équation de la surface topographique, on constate que le point A est un point singulier pour l'équation différentielle des lignes de plus grande pente. On ne peut affirmer qu'il existe une seule intégrale passant par ce point, comme lorsqu'il s'agit d'un point quelconque (t. I, n° 186). Il est, au contraire, facile de montrer, sur un exemple, qu'une telle affirmation serait erronée.

Supposons que la surface soit un paraboloïde de sommet A ayant pour équation

$$z = ax^2 + by^2. \tag{1}$$

L'équation différentielle des lignes de plus grande pente est

$$a\frac{dy}{y} = b\frac{dx}{x},$$

dont l'intégrale générale est

$$y^a = Cx^b. \tag{2}$$

Supposons d'abord que A soit un sommet et que l'axe des z soit dirigé vers le bas ; les coefficients a et b sont alors positifs.

Si A est un ombilic, c'est-à-dire si $a = b$, l'équation (2) se réduit à

$$y = Cx\,;$$

les lignes de plus grande pente sont les sections par les plans passant par Oz. Il en passe une infinité par le point A, une seule étant tangente à chaque horizontale issue de ce point.

Ce cas particulier étant écarté, supposons, pour fixer les idées, $a < b$. Résolvons (2) par rapport à y :

$$y = Cx^{\frac{b}{a}}. \tag{3}$$

Toutes les courbes intégrales passent encore à l'origine; mais, elles y admettent une même tangente, qui est Ox, c'est-à-dire le grand axe de l'indicatrice, à l'exception, toutefois, de celle qui correspond à une valeur infinie de la constante C, qui se réduit à l'axe des y.

Si A était un fond, on arriverait à des conclusions analogues.

Supposons maintenant que A soit un col. Les coefficients a et b sont de signes contraires; supposons, pour fixer les idées, $a > 0$ et $b < 0$. Posons, $b = -b'$. L'équation (2) s'écrit

$$x^{b'} y^{a} = C. \tag{4}$$

Les courbes intégrales ne passent pas à l'origine; elles admettent les axes de coordonnées pour asymptotes et ressemblent à des hyperboles équilatères. Toutefois, celle qui correspond à $C = O$ se décompose en Ox et Oy et passe, par conséquent, deux fois à l'origine.

Si nous supposons maintenant que la surface est une surface quelconque, assujettie à la seule condition d'être représentable analytiquement et de n'admettre aucune singularité au point A ([1]), on peut la remplacer, au voisinage de ce point, par un paraboloïde osculateur (c'est-à-dire admettant même indicatrice) ayant une équation de la forme (1). Ses lignes de plus grande pente sont, dans la région du point A, très voisines de celles du paraboloïde et l'on peut leur appliquer les résultats de la discussion précédente.

Au voisinage d'un sommet ou d'un fond, toutes les lignes de plus grande pente viennent passer par ce sommet ou par ce fond. Elles y arrivent tangentiellement au grand axe de l'indicatrice, sauf une seule,

Fig. 44.

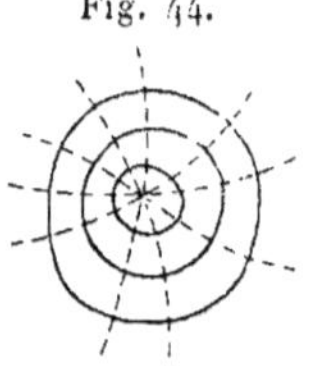

qui est tangente au petit axe (*fig.* 43, a). Dans le cas particulier où l'indicatrice est un cercle, elles arrivent tangentiellement à toutes les directions (*fig.* 44).

([1]) On peut toujours faire une telle hypothèse, puisqu'on peut choisir arbitrairement la surface, sous la seule condition qu'elle épouse la forme du terrain avec une approximation convenable

Au voisinage d'un col, les lignes de plus grande pente ressemblent à des hyperboles équilatères asymptotes aux axes de l'indicatrice; deux seulement d'entre elles passent par le col et elles y passent tangentiellement à ces axes (*fig.* 43, *b*).

99. Lignes de faite; lignes de thalweg. — Considérons un col C et les deux lignes de plus grande pente qui en sont issues, d'après la discussion faite au numéro précédent. Nous savons qu'elles sont respectivement tangentes aux deux axes de l'indicatrice.

L'une d'elles F se trouve dans la région où les altitudes sont supérieures à celle de C. Elle va donc en montant de part et d'autre de ce point. On l'appelle *ligne de faîte* (*fig.* 43, *b*).

L'autre T se trouve, au contraire, dans la région où les altitudes sont inférieures à celle de C. Elle va en descendant de part et d'autre de ce point. On l'appelle *ligne de thalweg*.

On peut encore les caractériser en imaginant un observateur qui les suit en montant. Il voit les lignes de niveau du côté de leur convexité s'il chemine sur une ligne de faîte, et du côté de leur concavité s'il chemine sur une ligne de thalweg. Au voisinage de la ligne de faîte, le terrain a la forme d'une *croupe*; au voisinage de la ligne de thalweg, il a la forme d'un *ravin*, d'une *vallée*.

Les lignes de faîte et de thalweg jouent des rôles très différents, au *point de vue de l'écoulement des eaux* et c'est ce qui fait surtout l'importance de leur distinction. D'une manière générale, on peut admettre que les gouttes d'eau suivent les lignes de plus grande pente. Comme la ligne de faîte et la ligne de thalweg sont de telles lignes, elles peuvent théoriquement être suivies toutes deux par une goutte. Pratiquement, il n'en est pas ainsi. Observons, en effet, la figure 43, *b*. Si l'on parcourt les lignes de plus grande pente dans le sens descendant, on voit qu'elles s'écartent toutes de la ligne de faîte et se rapprochent, au contraire, de la ligne de thalweg. Il en résulte que si une goutte d'eau, suivant primitivement une ligne de faîte, s'en trouve accidentellement écartée d'une très petite quantité, elle s'en écarte de plus en plus et va rejoindre la ligne de thalweg. Si elle suivait, au contraire, primitivement une ligne de thalweg, elle y revient immédiatement après en avoir été écartée. On peut donc dire qu'*une ligne de faîte est une trajectoire instable*, tandis qu'une *ligne de thalweg est une trajectoire stable*. Les eaux fuient de part et d'autre de la première et viennent se rassembler vers la seconde, justifiant ainsi la dénomination adoptée par les Allemands pour désigner cette dernière (la traduction littérale de thalweg est « chemin de la vallée ») et celle de *ligne de partage des eaux*, qui sert aussi à désigner la ligne de faîte.

On peut se demander où conduit une ligne de faîte si on la suit indéfiniment en partant d'un col. Elle monte continuellement, jusqu'au moment où elle atteint un point de pente nulle, c'est-à-dire un sommet, un fond ou un col. La seconde hypothèse est absurde, puisqu'on ne peut atteindre un fond en montant. La troisième est théoriquement possible. Pratiquement, elle ne l'est pas. Si une ligne de faîte issue du col C rejoignait un col C', d'altitude supérieure, elle serait ligne de faîte pour C et ligne de thalweg pour C'. Or, on ne conçoit pas qu'une ligne de thalweg se transforme, au cours de sa descente, en ligne de faîte ; qu'une vallée se transforme en croupe. Un géomètre pourrait créer artificiellement une surface topographique possédant cette singularité ; mais, la Nature ne se prête pas à de telles fantaisies. Il ne faut pas oublier, en effet, que les vallées sont précisément creusées par l'écoulement des eaux, de sorte que les chemins suivis par celles-ci sont nécessairement des trajectoires stables (¹).

Il nous reste finalement, comme seule hypothèse possible, que la ligne de faîte doit aboutir à un sommet. Comme il en est ainsi pour les deux directions opposées suivant lesquelles on peut quitter le col, on voit que *toute ligne de faîte est une ligne de plus grande pente joignant deux sommets, en passant par un col.*

En raisonnant de la même manière, on voit qu'une ligne de thalweg ne peut aboutir qu'à un fond. Dans la pratique, ce fond est généralement la mer, qui est le dernier refuge des eaux courantes, exception faite pour celles qui se déversent dans un lac.

100. Intersection de deux surfaces topographiques. — On coupe par des plans horizontaux. Cela revient à prendre les points d'inter-

(¹) Aux raisons précédentes, on peut ajouter une raison de probabilité. Si une ligne de faîte arrive au voisinage d'un col, elle s'y comporte comme une ligne de plus grande pente quelconque et la probabilité est infinie pour qu'elle passe à côté de ce point, puisqu'il n'y a que deux lignes qui traversent le col.

section des lignes de niveau de même cote et à joindre ces points dans l'ordre des cotes croissantes ou décroissantes.

Le même procédé est employé quand l'une des surfaces est une surface géométrique, par exemple un plan non horizontal. On prend les points de rencontre des lignes de niveau de la surface topographique avec les horizontales de cotes rondes du plan.

Si le plan sécant est horizontal et n'a pas une cote ronde, la section est une ligne de niveau, que l'on construit par points, en interpolant entre les deux lignes de niveau à cotes rondes immédiatement voisines. La construction de lignes de niveau auxiliaires peut d'ailleurs être utile dans une région où les lignes à cotes rondes sont très espacées, c'est-à-dire où la pente du terrain est très faible. Cela deviendrait même nécessaire si l'on avait, par exemple, à construire la section d'une telle surface par un plan de très faible pente.

101. **Profil.** — Un *profil* est une section par un plan vertical. Il n'y a pas lieu de construire sa projection horizontale, puisque celle-ci est une droite D, trace du plan sécant. On construit alors sa projection verticale sur un plan parallèle au plan sécant. A cet effet, on coupe encore par les plans horizontaux de cotes rondes. La ligne de niveau de cote z rencontre la droite D en un certain nombre de points. Soit n l'un d'eux. On élève la perpendiculaire nN à D et l'on porte $n\text{N} = z$. On joint ensuite les points tels que N dans l'ordre des cotes croissantes ou décroissantes (*fig.* 45).

Fig. 45.

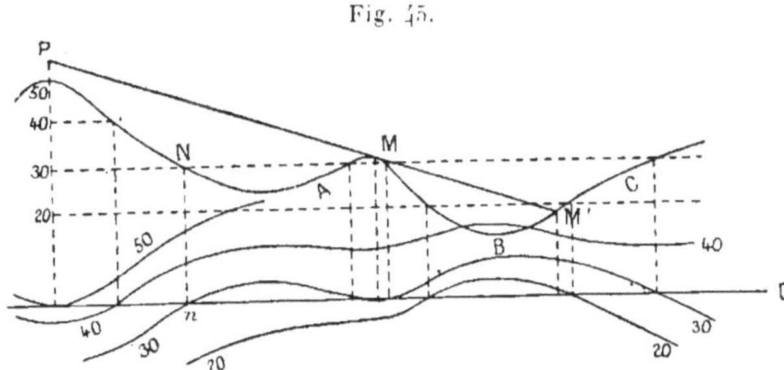

Au lieu de porter les cotes à partir de D, on peut évidemment les porter à partir d'une droite quelconque D' parallèle à D.

L'échelle adoptée pour ces cotes doit être généralement beaucoup plus grande que l'échelle de la carte, si l'on veut éviter que le profil construit ne se confonde sensiblement avec D (ou D').

La construction des profils est très utile quand on veut se rendre compte de la forme du terrain.

102. **Intersection avec une droite.** — On coupe par un plan auxiliaire passant par la droite. En général, on choisit ce plan vertical; on construit le profil correspondant, ainsi que la projection verticale de la droite, en utilisant, bien entendu, la même échelle pour les cotes. On prend les points d'intersection des deux lignes obtenues et on les rappelle sur la projection horizontale de la droite. Si l'on veut avoir leurs cotes, il suffit de les mesurer directement sur le dessin, en tenant compte de l'échelle.

Dans le cas particulier où la droite est horizontale, on peut aussi couper par le plan horizontal qui la contient. Cela est immédiat, si ce plan a une cote ronde. Sinon, il faut construire une ligne de niveau auxiliaire, comme il a été expliqué au nº 100. On peut aussi prendre les points de rencontre de la projection horizontale de la droite avec les deux lignes de niveau de cotes immédiatement supérieure et inférieure à celle de la droite. Puis on interpole entre ces points proportionnellement aux différences de cotes. Cela revient à couper par un plan vertical, en remplaçant le profil par des segments de droites, entre les cotes rondes qui comprennent celle de la droite donnée.

103. **Cône circonscrit à partir d'un point P donné.** — On coupe par les plans verticaux passant par ce point. On construit les profils correspondants et l'on mène à chacun d'eux les tangentes issues de la projection verticale de P (*fig.* 45). On rappelle les points de contact en projection horizontale et on les joint par un trait continu, en suivant attentivement la rotation du plan vertical auxiliaire.

Ce problème se présente lorsqu'on veut reconnaître et marquer sur la carte les régions vues à partir d'un observatoire donné. La ligne qui sépare ces régions des régions cachées se compose, en effet, de la courbe C lieu des points de contact des rayons visuels tangents et de la courbe C' lieu des points de rencontre de ces rayons visuels avec la surface. On s'en rend très bien compte et l'on distingue aisément les régions cachées, en examinant chaque profil. Par exemple, sur la figure 45, on voit que l'arc MBM' est caché, tandis que les arcs AM et M'C sont vus. La région engendrée par l'arc MBM' dans la rotation du plan vertical sera donc une région cachée. On la couvrira, par exemple, de hachures.

Le même problème permettrait de résoudre les questions d'ombre. Il suffirait, en effet, de prendre le point P à l'infini dans la direction des rayons solaires. Mais cela offre peu d'intérêt pratique.

CHAPITRE IX.

NOTIONS DE PERSPECTIVE.

104. Propriétés générales. — Soit un plan T appelé plan du tableau ou simplement *tableau*. Soit, en outre, un point O, appelé *point de vue*. On appelle *perspective d'un point* M de l'espace la trace m de la droite OM sur le plan T. La perspective n'est donc autre chose qu'une projection conique, et l'on peut lui appliquer toutes les propriétés bien connues de cette projection.

La perspective d'une droite D est une droite d, trace du plan (O, D) sur le plan du tableau. Le rapport anharmonique de quatre points quelconques de D est égal au rapport anharmonique des points homologues de d (t. II, n° 131). Le rapport anharmonique de quatre droites de l'espace situées dans un même plan et concourant en un point P est égal au rapport anharmonique de leurs perspectives, lesquelles concourent au point p, perspective de P. En particulier, les divisions et faisceaux harmoniques se conservent dans la perspective, c'est-à-dire qu'ils se transforment en divisions et faisceaux harmoniques.

Une courbe algébrique a pour perspective une courbe algébrique, qui a généralement le même degré, ainsi qu'il résulte du théorème du n° 379 du tome II. Cela est toujours vrai lorsque la courbe proposée est une courbe plane, dont le plan ne passe pas par O. En particulier, la perspective d'une conique est une conique.

105. Point de fuite; ligne de fuite. — On appelle *point de fuite* f d'une droite D la perspective du point à l'infini de cette droite. C'est donc la trace sur le tableau de la projetante Of parallèle à D.

Deux droites parallèles ayant même point à l'infini, leurs perspectives ont même point de fuite.

Une droite parallèle au plan T a son point de fuite à l'infini.

Le lieu des points de fuite des droites appartenant ou parallèles à un plan P est une droite, trace sur T du plan parallèle à P mené par O. On l'appelle *ligne de fuite* du plan P. On peut dire que c'est la perspective de la droite de l'infini de ce plan (t. II, n° 73).

Deux plans parallèles ont évidemment même ligne de fuite.

106. Résolution de quelques problèmes par la considération des points de fuite et du rapport anharmonique. — On peut effectuer, dans une perspective, des constructions faisant intervenir des propriétés métriques, en interprétant projectivement celles-ci par la considération de certains rapports anharmoniques. Nous allons rapidement passer en revue quelques-uns de ces problèmes.

Problème I. — *Étant donnés, dans une perspective, deux points a et b et le point de fuite f de la droite ab, construire le point m qui, dans l'espace, divise le segment* AB *dans un rapport donné.*

Soit $\frac{MA}{MB} = R$. On peut écrire (t. II, n° 128)

$$R = (ABM\infty) = (abmf).$$

On est donc ramené à construire un point m, connaissant son rapport anharmonique avec trois points donnés, problème qu'on sait résoudre (*loc. cit.*). Pratiquement, voici comment on pourra procéder : Par a, menons une droite quelconque aD. Portons-y une longueur quelconque aM'; puis, portons $\overline{M'B'} = \frac{\overline{M'a}}{R}$. Joignons B'$b$

Fig. 46.

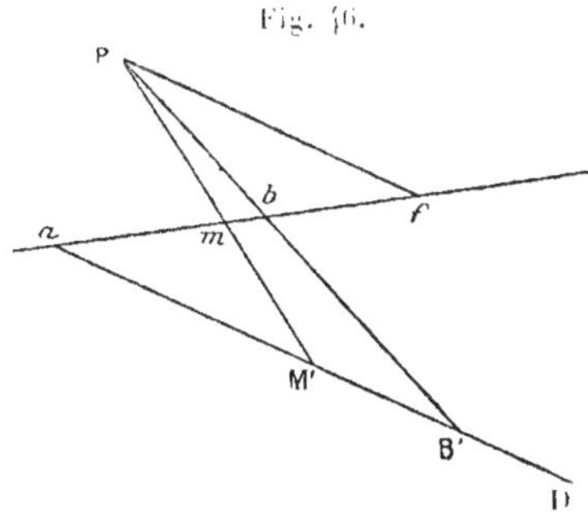

et prenons son intersection P avec la parallèle à aD menée par f. La droite PM' rencontre ab au point m cherché.

Comme cas particulier, on saura *prendre le milieu d'un segment*. Il suffit, en effet, de supposer $R = -1$, c'est-à-dire de prendre B' symétrique de a par rapport à M'. Le point m est alors conjugué harmonique de f par rapport à ab.

Problème II. — *On donne les points de fuite f, f', g, g' de deux couples de directions rectangulaires appartenant à un même plan. On donne, en outre, les perspectives d et m d'une droite et d'un point de ce plan. Construire la perspective de la perpendiculaire à D menée dans le plan par M.*

La droite d rencontre la ligne de fuite ff' du plan au point de fuite h de D. La perpendiculaire cherchée doit la rencontrer au point de fuite h' commun à toutes les droites perpendiculaires à D. Or, les points à l'infini d'un angle droit qui pivote, dans son plan, autour de son sommet, décrivent des divisions en involution (t. II, n° 164). Il en résulte que les trois couples de points

Fig. 47.

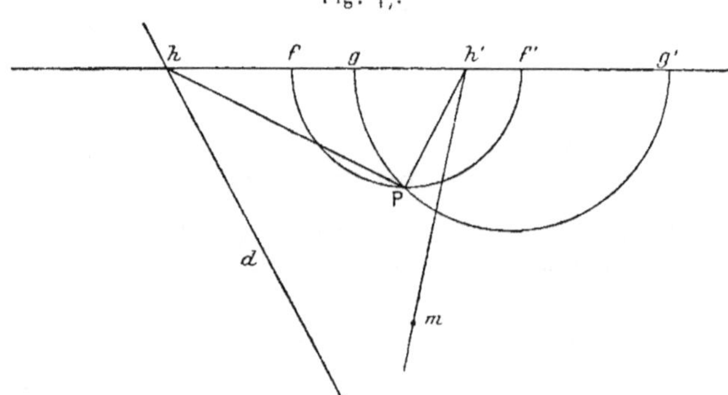

(f, f'), (g, g'), (h, h') doivent appartenir à une même involution. On est encore ramené à un problème connu (t. II, Chap. IX, Exercice proposé n° 23). Rappelons la solution : on décrit les cercles de diamètres ff' et gg' : ils se rencontrent en P; la perpendiculaire à Ph menée par P rencontre ff' au point h'. Il n'y a plus qu'à joindre mh' pour avoir la droite demandée.

Il est à remarquer que le point P, une fois construit, servira pour mener les perpendiculaires à toutes les droites du plan considéré.

Problème III. — *Les données étant les mêmes que précédemment, construire une droite D' faisant avec D un angle donné V.*

Les points de fuite h et h' de D et de D' doivent former avec les perspectives i et j des points cycliques un rapport anharmonique connu, qui serait donné par la formule de Laguerre (t. II, n° 164). Or, ce rapport est égal au rapport anharmonique du faisceau P($hh'ij$). Mais les droites Pi, Pj, rayons doubles de l'involution déterminée par les deux couples de droites rectangulaires (Pf, Pf') et (Pg, Pg'), ne sont autres que les droites isotropes du point P. Dès lors, si l'on applique de nouveau la formule de Laguerre, on voit que l'angle de Ph avec Ph' doit être égal à l'angle V donné.

En définitive, la construction est la même que pour le problème précédent; mais, on construit l'angle $\widehat{hPh'}$ égal à l'angle donné, au lieu de construire un angle droit.

Corollaire. — *Dans tout plan, il existe deux points tels que les angles ayant ces points pour sommets conservent leur grandeur dans la perspective.*

Ces points sont, en effet, les deux points qui admettent pour perspectives P et le point symétrique par rapport à ff'.

Problème IV. — *On donne les mêmes points de fuite que dans le problème II et les perspectives a, b, c de trois points du plan. On considère le cercle circonscrit au triangle ABC. Construire la perspective de son point de rencontre M avec une droite passant par A et donnée par sa perspective.*

L'angle AMB doit être égal à l'angle ACB. Si h, h', k, k' sont les points de fuite de MA, MB, CA, CB, les angles hPh' et kPk' doivent donc être égaux et de même sens. Or, de tous ces points de fuite, le second est seul inconnu; on peut donc le construire. En joignant ensuite $h'b$ et prenant le point de rencontre de cette droite avec la droite donnée ah, on a le point m cherché.

107. Notions sur la mise en perspective des figures de l'espace. — Une figure de l'espace étant donnée, ainsi que le tableau et le point de vue, il s'agit de construire les perspectives des différents points de la figure. Les artistes qui utilisent la perspective ont élaboré tout une technique permettant la résolution de ce problème. Nous allons en exposer les traits principaux.

Le tableau est toujours supposé vertical.

On définit les différents points de l'espace par leur position relativement au tableau et à un plan horizontal de référence, qu'on appelle le *géométral.*

On appelle *ligne de terre* LT l'intersection du géométral et du tableau.

On appelle *direction principale* la direction perpendiculaire au tableau et *point de fuite principal* le point de fuite F de cette direction, c'est-à-dire, en somme, la projection orthogonale du point de vue sur le tableau. Ce point de vue est, dès lors, déterminé si l'on se donne, outre F, la distance de O à T, qui porte le nom de *distance principale*.

La cote de O au-dessus du géométral est appelée *hauteur*. C'est évidemment la distance du point de fuite principal à la ligne de terre.

On appelle *ligne d'horizon* HH' la ligne de fuite des plans horizontaux. C'est la parallèle à LT menée par F. Toute droite horizontale a son point de fuite sur cette ligne.

Pour définir la position d'un point M de l'espace, on choisit un trièdre de référence, dont l'origine est un point quelconque L de la ligne de terre; en outre, l'axe des x est dirigé suivant cette ligne; l'axe des y est perpendiculaire au tableau, du côté opposé au point de vue; l'axe des z est vertical et dirigé vers le haut. Les trois coordonnées du point M par rapport à ce trièdre sont habituellement appelées *largeur*, *éloignement* (ou *profondeur*) et *hauteur*.

Pour mettre une figure en perspective, on commence par faire la perspective de sa *projection sur le géométral*. Puis, on effectue ce qu'on appelle la *mise en hauteur*.

108. Mise en perspective du géométral. — Soit un point M du géométral, dont nous nous proposons de construire la perspective. On emploie les deux méthodes suivantes :

1° *Méthode du double point de fuite.* — Supposons qu'on connaisse les points de fuite a et b de deux directions A et B du géométral. Menons, par M, les parallèles à ces directions. Elles rencontrent la ligne de terre en deux points a' et b', qui sont à eux-mêmes leurs propres perspectives (comme tous les points du tableau). En joignant aa' et bb', on a les perspectives des droites Ma' et Mb'. Le point m se trouve donc à l'intersection de aa' et de bb'.

Il nous reste à voir comment on construira, dans la pratique, les points a, b, a', b'.

Pour avoir le point de fuite a d'une direction de coefficient angulaire m, il suffit de porter, sur la ligne d'horizon, à partir du point de fuite principal, $Fa = \frac{d}{m}$, en appelant d la distance principale. On peut, soit calculer cette distance, pour la reporter ensuite dans le sens convenable, soit la construire géométriquement.

Pour construire le point a', on pourrait évidemment calculer sa largeur, connaissant les coordonnées de M et le coefficient angulaire m. Mais, cela serait assez peu pratique et il est généralement plus simple de faire une épure dans le géométral, reproduisant, en vraie grandeur, la figure qu'il s'agit de mettre en perspective. En traçant, une fois pour toutes, la ligne de terre dans cette épure, on construit très aisément la largeur de tout point tel que a'.

Cette épure dans le géométral peut être dessinée sur une feuille à part ou bien sur la même feuille que la perspective, en imaginant le géométral rabattu sur le tableau.

Cette méthode du double point de fuite est particulièrement avantageuse lorsqu'on doit faire la perspective d'une figure présentant plusieurs séries de points situés sur des droites parallèles, comme, par exemple, un carrelage. On prend alors, pour points de fuite a et b, les points de fuite de ces parallèles.

Lorsqu'on a à mettre en perspective une figure irrégulière, par exemple une courbe quelconque, on trace un quadrillage dans le géométral; on fait la perspective de ce quadrillage et l'on en déduit la perspective de la figure donnée, en utilisant les points où cette figure rencontre le quadrillage. Ce procédé est connu sous le nom de *craticulage*.

109. 2° *Méthode du point de distance.* — C'est au fond la méthode précédente, avec un choix particulier des directions A et B. On prend pour direction A la direction principale, donc pour premier

Fig. 48.

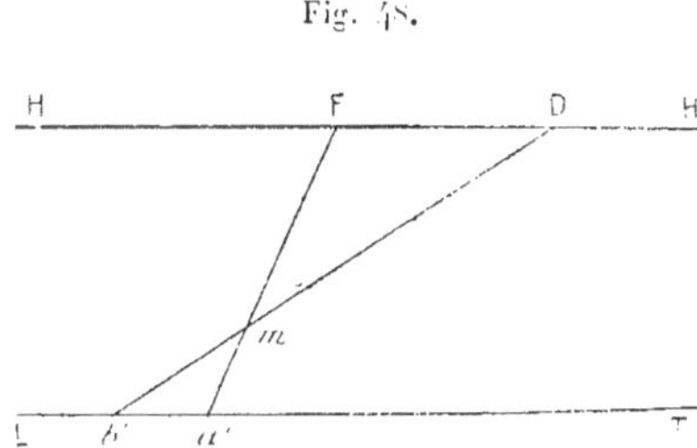

point de fuite le point de fuite principal F. Comme seconde direction B, on prend une direction faisant 45° avec la ligne de terre, soit d'un côté, soit de l'autre. Le point de fuite correspondant D s'obtient en portant, sur la ligne d'horizon, la distance FD égale à la distance principale. Il porte le nom de *point de distance accidentelle* ou simplement *point de distance*.

Ceci étant, soient x et y les coordonnées du point M dans le géométral. Le point que nous avions appelé tout à l'heure a' est obtenu en portant $\overline{\mathrm{L}a'} = x$. Quant au point b', on le construit en portant $a'b' = y$, dans le sens inverse de $\overline{\mathrm{FD}}$.

La perspective du point M est à l'intersection des droites $\mathrm{F}a'$ et $\mathrm{D}b'$.

110. Mise en hauteur. — Soient un point M de l'espace, P sa projection sur le géométral et z sa hauteur. Supposons construite la perspective p de P et proposons-nous de construire la perspective m de M. C'est ce qu'on appelle faire la *mise en hauteur*.

Menons par les points M et P deux horizontales parallèles, de point de fuite f, et soient M' et P' leurs points de rencontre avec le tableau.

Fig. 40.

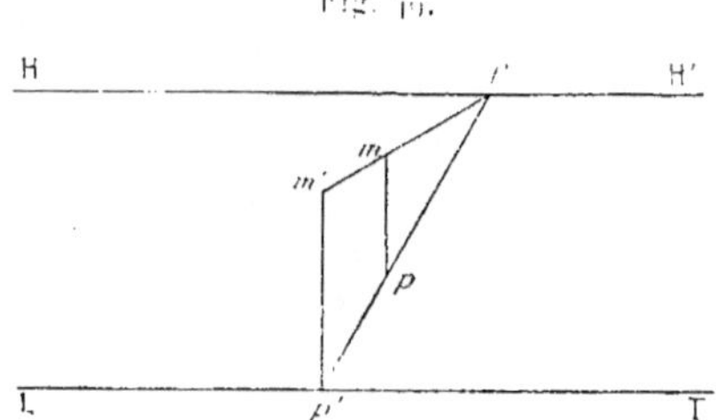

Le segment M'P' est vertical et a pour longueur z; de plus, il coïncide avec sa perspective. On a, dès lors, la construction suivante.

On joint fp, jusqu'à sa rencontre p' avec LT; au-dessus de p', on porte $p'm' = z$; on joint fm' et l'on prend son point de rencontre m avec la verticale de p.

Le lecteur qui désirerait approfondir davantage les procédés de la perspective lira avec fruit les pages 41 à 118 du tome I du *Cours de Géométrie de l'École Polytechnique*, par Maurice d'Ocagne (Gauthier-Villars, 1917).

CHAPITRE V.

RÉSOLUTION DES TRIÈDRES.

111. Énoncé du problème. — Un trièdre possède six éléments : trois faces et trois dièdres. Si l'on se donne trois d'entre eux, le trièdre est généralement déterminé. Nous nous proposons de le construire dans chacun des six cas possibles et d'indiquer aussi comment on peut construire les trois éléments qui ne sont pas donnés.

Pour résoudre cette dernière partie du problème, nous nous arrangerons toujours pour que notre trièdre soit connu finalement par *une face* BSC *dans le plan horizontal et par la projection et la cote d'un point* A *de l'arête opposée*. Voici comment on peut alors construire les six éléments du trièdre.

On connaît déjà la face BSC. Pour avoir les deux autres, on les

Fig. 50.

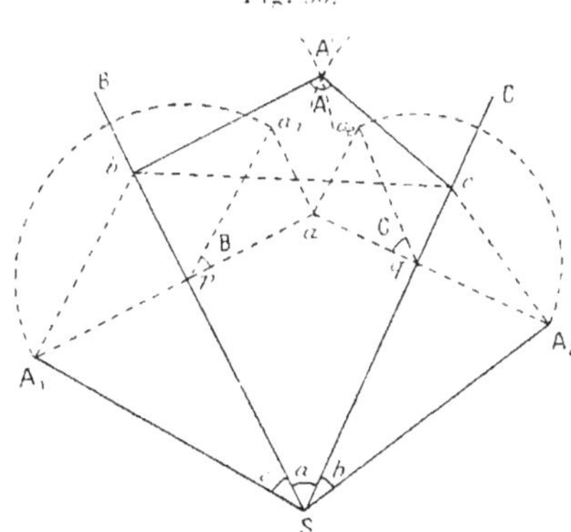

rabat respectivement autour de SB et de SC et, pour cela, il suffit de rabattre A, qui vient successivement en A_1 et en A_2. On a, du même coup, en apa_1 et aqa_2, les angles plans des dièdres SB et SC.

Reste à construire l'angle plan du dièdre SA. A cet effet, on mène par A, un plan perpendiculaire à SA. Il rencontre SB au point b, situé sur la perpendiculaire $A_1 b$ à $A_1 S$, puisque, dans le rabattement autour de SB, b ne bouge pas et l'angle droit bAS se rabat en vraie grandeur. On construit, de même, le point c. L'angle plan cherché est bAc, dans l'espace. Pour avoir sa grandeur, on le rabat en bA'c, en remarquant que l'on connaît $bA' = bA_1$ et $cA' = cA_2$.

Nous allons maintenant passer en revue les six cas de résolution et nous discuterons chaque fois les conditions de possibilité.

112. Premier cas : *On donne les trois faces a, b, c.* — Prenons le plan de la face BSC $= a$ pour plan de projection. L'arête SA est à l'intersection de deux cônes de révolution, de sommet commun S, d'axes respectifs SB et SC et de demi-angles au sommet respectifs c et b. Pour la construire, nous appliquons la méthode générale du n° 66, c'est-à-dire que nous coupons par une sphère de centre S. Les deux cônes sont coupés suivant deux parallèles projetés horizon-

Fig. 51.

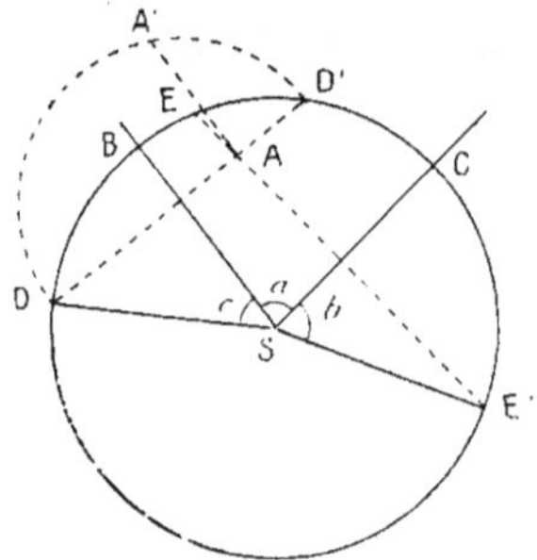

talement suivant DD' et EE'. Ces parallèles se rencontrent en deux points, dont la projection horizontale commune est A. Ces deux points sont symétriques par rapport au plan horizontal : il leur correspond donc deux trièdres symétriques par rapport à ce plan. Nous considérons seulement l'un d'eux, par exemple celui qui se trouve au-dessus du plan horizontal. Pour achever de le déterminer, il ne nous reste plus qu'à chercher la cote de A. Pour cela, nous rabattons, par exemple, le cercle DD' et nous avons en AA' la cote cherchée.

Discussion. — Pour que la construction soit possible, il faut et il suffit que le point A soit intérieur au contour apparent de la sphère. Pour cela, il faut et il suffit que, si l'on parcourt la circonférence de ce contour apparent dans le sens BC, par exemple, on rencontre les points D, D', E, E' dans l'ordre D, E, D', E'. Pour qu'il en soit ainsi, les conditions nécessaires et suffisantes sont

$$\widehat{DE} < \widehat{DD'}, \quad \widehat{DE'} < \widehat{DE'D},$$

ou

$$c + a - b < 2c < c + a + b < 2\pi,$$

ou

(1) $$a - b < c < a + b$$

et

(2) $$a + b + c < 2\pi.$$

On retrouve les inégalités, bien connues en Géométrie élémentaire, que doivent vérifier les faces d'un trièdre.

113. Deuxième cas : *On donne deux faces b et c et le dièdre compris* A. — Prenons le plan de la face ASB = c pour plan horizontal et prenons un plan vertical auxiliaire xy perpendiculaire à SA.

Fig. 55.

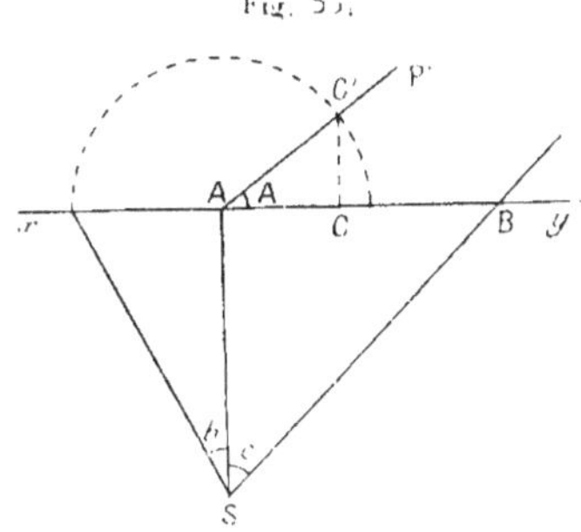

L'arête SC doit se trouver dans le demi-plan de bout SAP', dont la trace verticale AP' fait l'angle A avec xy. Elle doit aussi se trouver sur un cône de révolution d'axe SA, de sommet S et de demi-angle au sommet b. La base de ce cône dans le plan vertical est un cercle de construction évidente [1], qui rencontre la demi-droite AP' au

[1] Si l'angle b était obtus, il faudrait prendre xy en avant de S, de façon à bien obtenir la base de la nappe qui fait l'angle b avec la demi-droite SA.

point C', rappelé horizontalement en C sur xy. Le problème est résolu et la construction est manifestement toujours possible.

114. Troisième cas : *On donne deux faces a et b et le dièdre* B *opposé à l'une d'elles.* Prenons le plan BSC comme plan horizontal. L'arête SA se trouve sur le cône de révolution de sommet S, d'axe SC et de demi-angle au sommet b. Elle se trouve aussi sur le demi-plan SBP qui fait avec SBC l'angle dièdre B. Il nous faut donc

Fig. 53.

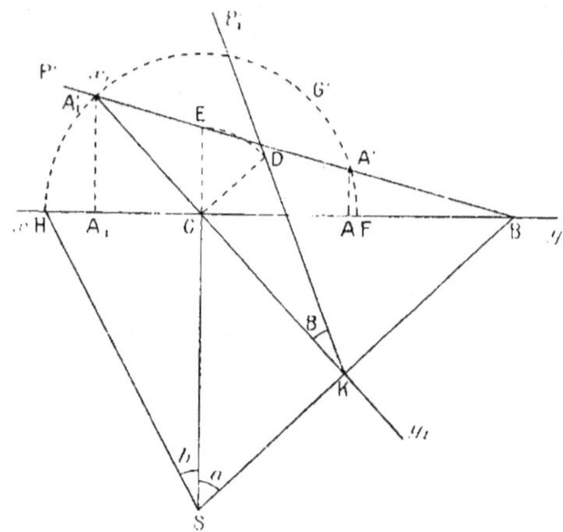

prendre l'intersection de ces deux surfaces. A cet effet, nous les coupons par un plan xy perpendiculaire à SC, qui donne dans le cône une section circulaire, dont la projection verticale G' se construit sans difficulté. Reste à trouver la trace verticale du demi-plan SBP. Pour cela, nous prenons un deuxième plan vertical x_1y_1 perpendiculaire à SB et que nous faisons passer, par exemple, par le point C. Dans ce nouveau système, la trace verticale KP'_1 du demi-plan a une construction évidente. Un changement de plan nous donne ensuite la trace verticale BP' dans l'ancien système. Cette trace rencontre le cercle G' en deux points A' et A'_1, qui se rappellent en A et A_1 sur xy. Le problème est résolu.

Discussion. — Pour que la construction soit possible, nous avons une première condition nécessaire, qui est la réalité des génératrices d'intersection du plan SBP avec le cône. Il équivaut de dire que ce plan doit couper la sphère inscrite dans le cône et de centre C, par exemple. La distance de C au plan doit donc être inférieure au rayon de cette sphère. Or, cette distance est égale à

$$\mathrm{CK}\sin \mathrm{B} = \mathrm{SC}\sin a \sin \mathrm{B}.$$

Quant au rayon, il est égal à $\mathrm{SC}\sin b$. Nous avons donc la condition

$$(3) \qquad \sin a \sin \mathrm{B} < \sin b.$$

Supposons cette condition remplie. Le plan SBP coupe certainement le cône. Mais, nous ne devons accepter que les génératrices dont la trace verticale se trouve sur la demi-droite BP'.

Supposons, pour simplifier, que les angles a et b soient tous deux aigus, comme sur la figure 53. Suivant la position du point B par rapport au cercle G', nous sommes conduits à distinguer plusieurs cas :

Premier cas : $a < b$. Il y a évidemment toujours *une solution unique*.

Deuxième cas : $a > b$. Si $\mathrm{B} < \frac{\pi}{2}$, la demi-droite BP' fait un angle aigu avec la demi-droite BC et rencontre effectivement G' en deux points; il y a *deux solutions*. [Bien entendu, ces deux solutions se confondent dans le cas limite où l'inégalité (3) devient une égalité.]

Si $\mathrm{B} > \frac{\pi}{2}$, on a les conclusions inverses; c'est le prolongement de BP' qui rencontre G' et il n'y a *pas de solution*.

Troisième cas : $a = b$. Le point B se trouve juste en F et il n'y a de solution que si $\mathrm{B} < \frac{\pi}{2}$, auquel cas la solution est *unique*.

Nous avons terminé la discussion, dans l'hypothèse où les angles a et b sont tous deux aigus. Il nous reste à nous libérer de cette restriction. Pour cela, observons que si l'on remplace l'arête SA, par exemple, par la demi-droite opposée SA', on obtient un nouveau trièdre dont les éléments sont liés à ceux du premier par les formules

$$a' = a, \quad b' = \pi - b, \quad c' = \pi - c, \quad \mathrm{A}' = \mathrm{A}, \quad \mathrm{B}' = \pi - \mathrm{B}, \quad \mathrm{C}' = \pi - \mathrm{C}.$$

Dès lors, si a est seul obtus, on prolongera SB et l'on construira le trièdre SAB′C, qui sera défini par $a' = \pi - a$, $b' = b$, $B' = B$. Ce trièdre une fois construit, on n'aura plus qu'à prolonger SB.

Si b est seul obtus, on construira SA′BC, défini par $a' = a$, $b' = \pi - b$, $B' = \pi - B$; puis, on prolongera SA′.

Si a et b sont tous deux obtus, on construira SABC′, défini par $a' = \pi - a$, $b' = \pi - b$, $B' = \pi - B$; puis, on prolongera SC′.

Nous laissons au lecteur le soin de voir ce que deviennent les résultats de la discussion précédente dans ces différentes hypothèses.

115. Quatrième cas : *On donne une face a et les deux dièdres adjacents* B *et* C. — Ce cas pourrait se ramener au deuxième par la considération du trièdre supplémentaire, dont on connaît deux faces $b' = \pi - B$, $c' = \pi - C$ et le dièdre compris $A' = \pi - a$. Une fois ce trièdre construit, on aurait le trièdre demandé, en construisant son supplémentaire. La solution serait toutefois un peu longue et c'est pourquoi nous allons indiquer une solution directe.

Prenons comme plan horizontal BSC. Si nous prenons deux plans verticaux auxiliaires xy perpendiculaire à SB et x_1y_1 perpendiculaire à SC, nous pouvons immédiatement construire les traces verticales BP′ et CQ′ des faces ASB et ASC. Pour construire l'arête SA, il nous faut prendre l'intersection de ces plans. On pourrait faire un

Fig. 54.

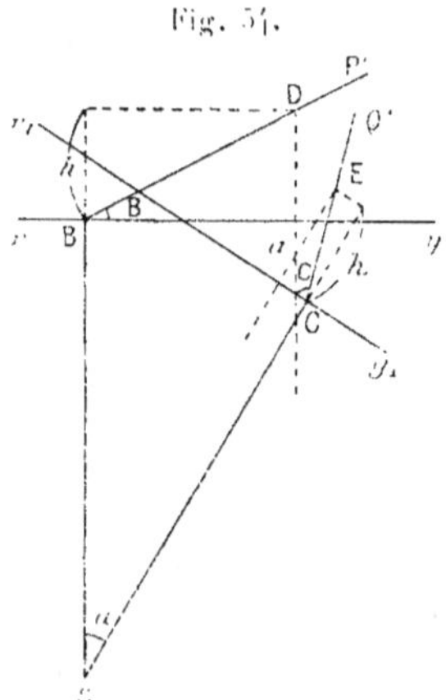

changement de plan sur le second, de manière à les rapporter tous les deux au même système de projections. On peut aussi, et c'est ce que nous avons fait sur la figure 54, chercher le point A de SA qui a une cote h donnée quelconque. En coupant par le plan horizontal défini par cette cote, nous obtenons les deux horizontales Da et Ea, qui se rencontrent en a, projection horizontale du point cherché.

Le problème est résolu et admet toujours une solution, comme il est arrivé dans le deuxième cas.

116. **Cinquième cas :** *On donne deux dièdres* A *et* B *et la face* a *opposée à l'un d'eux.* — Ce cas pourrait se ramener au troisième par la considération des trièdres supplémentaires. Donnons toutefois une solution directe.

Prenons ASB pour plan horizontal et un plan perpendiculaire à SB pour plan vertical. Nous construisons aisément l'arête SC, qui est déterminée par le point (c, c'). Il nous reste à mener par cette droite

Fig. 55.

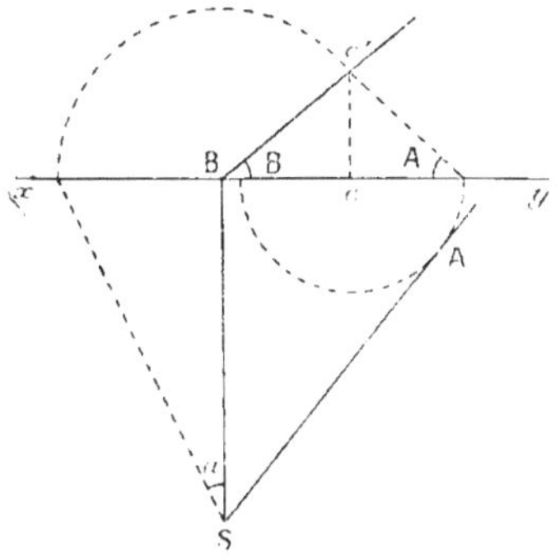

un plan faisant l'angle A avec le plan horizontal. Cela revient évidemment à mener, par S, un plan tangent au cône de révolution qui a pour sommet (c, c'), pour axe une verticale et pour demi-angle au sommet $\frac{\pi}{2} - A$. (Nous supposons A et B aigus. On peut toujours se ramener à ce cas par des prolongements d'arêtes, ainsi qu'il a été expliqué au n° 114.) Nous construisons la base de ce cône dans le plan horizontal et nous lui menons la tangente SA. Cette tangente est la troisième arête du trièdre.

On pourrait discuter les conditions de possibilité et le nombre des solutions. Nous laissons au lecteur le soin de le faire, en nous contentant d'observer qu'on peut en déduire les résultats de ceux de la discussion du troisième cas.

117. **Sixième cas :** *On donne les trois dièdres A, B, C.* — Ce cas se ramène au premier par les trièdres supplémentaires. Donnons toutefois une solution directe.

Prenons pour plan horizontal le plan de la face ASB et pour plan vertical un plan perpendiculaire à SA. Construisons le plan PAQ' de la face ASC et, laissant S indéterminé sur AP, donnons-nous la trace verticale (C, C') de l'arête SC. Le plan de la face BSC doit faire l'angle B avec le plan horizontal et l'angle C avec le plan PAQ'. Il revient au même de dire qu'il doit être tangent aux deux cônes de

Fig. 56.

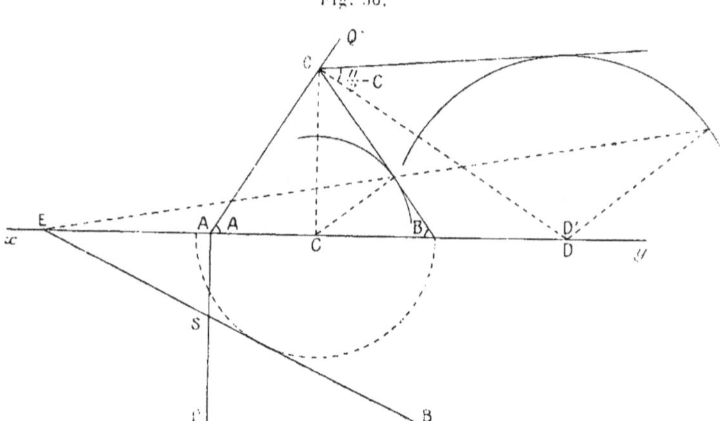

révolution qui ont, le premier, pour sommet (C, C'), pour axe une verticale et pour demi-angle au sommet $\frac{\pi}{2} - B$; le second, pour sommet (C, C'), pour axe la perpendiculaire (CD, C'D') à PAQ' et pour demi-angle au sommet $\frac{\pi}{2} - C$. Nous sommes donc ramenés à mener un plan tangent commun à ces deux cônes.

A cet effet, nous considérons les sphères inscrites, qui ont, par exemple, leurs centres C et D sur la ligne de terre. Le plan cherché doit passer par leur centre de similitude E. Dès lors, nous aurons la trace horizontale de ce plan en menant par E une tangente à la trace horizontale du premier cône, laquelle trace est circulaire. Cette tangente ESB constitue l'arête SB du trièdre; elle rencontre AP au sommet S, qu'il suffit de joindre à (C, C') pour avoir la troisième arête.

Nous ne ferons pas non plus la discussion, dont le résultat peut se déduire de la discussion du premier cas, par la considération des trièdres supplémentaires.

TRIGONOMÉTRIE

CHAPITRE I.

PROPRIÉTÉS GÉNÉRALES DES FONCTIONS CIRCULAIRES.

118. Cercle trigonométrique. — On appelle *cercle trigonométrique* un cercle orienté de rayon 1. Le sens positif habituellement adopté est le sens inverse des aiguilles d'une montre.

Étant donnés deux points A et M sur ce cercle, nous avons vu (t. II, n° 14) que la mesure algébrique a de l'arc AM est définie à un multiple entier près de la longueur de la circonférence, c'est-à-dire à $2k\pi$ près. Si α désigne une de ses déterminations, les autres sont données par la formule

$$(1) \qquad a = \alpha + 2k\pi.$$

Le nombre a sert aussi de mesure à l'angle orienté $(\widehat{OA, OM})$ (*loc. cit.*).

L'unité d'arc adopté varie suivant la nature des questions. Dans les questions théoriques, on prend pour unité le rayon du cercle, c'est-à-dire, en somme, l'unité de longueur, puisque ce rayon a été supposé égal à 1. On dit alors que les arcs et les angles sont évalués en *radians*, le radian étant, par conséquent, l'arc dont la longueur est égale à 1 ou l'angle au centre correspondant.

Dans les questions d'ordre pratique, on prend pour unité le *degré*, qui est le $\frac{1}{360}$ de la circonférence, ou le *grade*, qui est le $\frac{1}{400}$ de la circonférence. Le degré est divisé en 60 minutes, la minute étant elle-même divisée en 60 secondes. Quant au grade, on le divise suivant le système décimal, en *décigrades*, *centigrades*.

milligrades, etc. Ces deux systèmes sont appelés respectivement système *sexagésimal* et système *centésimal*. Le premier est le plus ancien; mais, le second est, de beaucoup, le plus pratique, à cause des complications introduites par les minutes et les secondes dans les opérations arithmétiques effectuées sur des angles évalués dans le système sexagésimal.

Nous n'insistons pas davantage sur ces considérations, qui sont élémentaires.

119. Lignes trigonométriques. — Nous allons définir les *lignes trigonométriques* de l'arc AM ou de l'angle $(\overline{OA}, \overline{OM})$.

Menons l'axe Ox, qui va de O vers l'origine A de notre arc. Menons ensuite l'axe Oy, d'angle polaire $+\frac{\pi}{2}$, le plan étant orienté

Fig. 57.

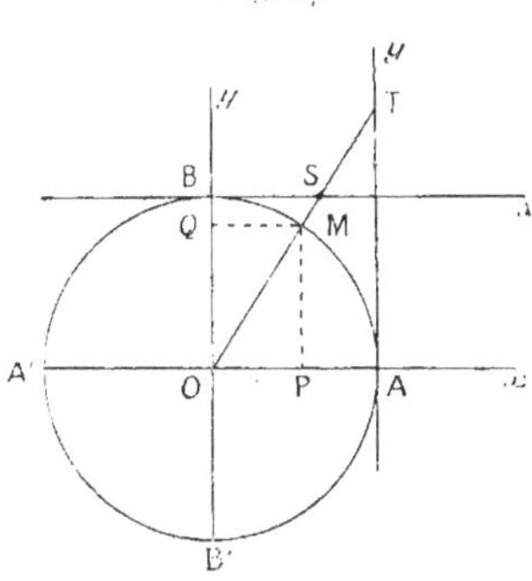

dans le même sens que le cercle trigonométrique (t. II, n° 13). On appelle *cosinus* et *sinus* de l'arc a l'abscisse et l'ordonnée de l'extrémité M de cet arc, c'est-à-dire les projections orthogonales du vecteur $\overrightarrow{OM}$ sur Ox et sur Oy.

Par A, menons l'axe Ay équipollent à Oy et, par B, menons, de même, l'axe Bx équipollent à Ox. La droite OM rencontre ces deux axes respectivement en T et S. On appelle *tangente* et *cotangente* de l'arc a les mesures algébriques $\overline{AT}$ et $\overline{BS}$. On peut dire aussi que la tangente est l'ordonnée du point T et la cotangente est l'abscisse de S.

La droite OM étant orientée de O vers M, on appelle *sécante* et *cosécante* de l'arc a les mesures algébriques $\overline{OT}$ et $\overline{OS}$. Ces dernières lignes sont peu utilisées.

Ces différentes quantités $\cos a$, $\sin a$, $\operatorname{tang} a$, $\cot a$, $\operatorname{séc} a$ et $\operatorname{coséc} a$ sont appelées les *lignes trigonométriques de l'arc* a.

Si l'on considère a comme une variable indépendante, elles constituent six fonctions, qui portent le nom de *fonctions circulaires*. Ces fonctions ont été étudiées en détail dans le Tome I (nos 76 et 77).

120. Arcs correspondant à une ligne trigonométrique donnée. Si l'*on se donne le cosinus*, on connaît l'abscisse de M. Sur le cercle trigonométrique, il y a deux points M et M' admettant cette abscisse; ils sont symétriques par rapport à Ox. Toutes les déterminations des arcs AM et AM' sont compris dans la formule

$$(2) \qquad a = 2k\pi \pm \alpha.$$

Si l'*on se donne le sinus*, on connaît l'ordonnée de M. Sur le cercle trigonométrique, il y a deux points M et M' admettant cette ordonnée; ils sont symétriques par rapport à Oy. Si α désigne une détermination de l'arc AM, une détermination de AM' est $\alpha' = \pi - \alpha$, car la moyenne arithmétique $\frac{\alpha + \alpha'}{2} = \frac{\pi}{2}$ convient bien au point B, milieu de l'arc MM'. Les différents arcs admettant un sinus donné sont donc compris dans les deux formules

$$(3) \qquad a = 2k\pi + \alpha, \qquad a = (2k+1)\pi - \alpha.$$

Si l'*on se donne la tangente ou la cotangente*, on connaît les points T ou S, donc la droite OM, qui rencontre le cercle trigonométrique en deux points diamétralement opposés, de sorte que les arcs correspondants sont donnés par la formule

$$(4) \qquad a = k\pi + \alpha.$$

121. Relations entre les lignes trigonométriques d'un même angle. Si l'on se donne une des six lignes trigonométriques de l'angle a, les cinq autres sont déterminées, au signe près. *A priori*, il doit donc exister entre elles cinq relations indépendantes.

Effectivement, le théorème de Pythagore nous donne d'abord la relation

$$(5) \qquad \cos^2 a + \sin^2 a = 1,$$

qui permet de calculer une des deux premières lignes trigonométriques connaissant l'autre.

Écrivons maintenant que les points $M(\cos a, \sin a)$, $T(1, \operatorname{tang} a)$ et $S(\cot a, 1)$ sont en ligne droite avec l'origine; nous obtenons les deux nouvelles relations

$$(6) \qquad \operatorname{tang} a = \frac{\sin a}{\cos a}, \qquad \cot a = \frac{\cos a}{\sin a},$$

qui donnent la troisième et la quatrième ligne en fonction des deux premières.

Enfin, en utilisant les formules de passage des coordonnées polaires aux coordonnées cartésiennes (t. II, n° 40), nous obtenons les deux dernières relations

$$(7) \qquad \operatorname{séc} a = \frac{1}{\cos a}, \qquad \operatorname{coséc} a = \frac{1}{\sin a}.$$

Ces cinq formules portent le nom de *formules fondamentales*.

On peut en déduire des *formules dérivées*, en les combinant de différentes manières. Par exemple, en multipliant membre à membre les deux formules (6), on obtient

$$(8) \qquad \operatorname{tang} a \cot a = 1.$$

De même, en divisant (5) par $\cos^2 a$ ou par $\sin^2 a$, on obtient

$$(9) \qquad 1 + \operatorname{tang}^2 a = \frac{1}{\cos^2 a}, \qquad 1 + \cot^2 a = \frac{1}{\sin^2 a}.$$

122. Relations simples entre les lignes d'arcs différents. — Prenons successivement les symétriques de M par rapport à Ox, Oy, O et la première bissectrice. En appliquant la formule de Chasles pour calculer les nouveaux arcs et les formules établies au n° 244 du Tome II pour avoir les nouvelles coordonnées, nous obtenons

$$(10) \qquad \cos(-a) = \cos a, \qquad \sin(-a) = -\sin a;$$

$$(11) \qquad \cos(\pi - a) = -\cos a, \qquad \sin(\pi - a) = \sin a;$$

$$(12) \qquad \cos(\pi + a) = -\cos a, \qquad \sin(\pi + a) = -\sin a;$$

$$(13) \qquad \cos\left(\frac{\pi}{2} - a\right) = \sin a, \qquad \sin\left(\frac{\pi}{2} - a\right) = \cos a.$$

En utilisant maintenant (13) et (10), et remarquant que

$$\frac{\pi}{2} + a = \frac{\pi}{2} - (-a),$$

on a

$$(14)\qquad \cos\left(\frac{\pi}{2}+a\right)=-\sin a, \qquad \sin\left(\frac{\pi}{2}+a\right)=\cos a.$$

En se servant de (6), on déduit enfin des formules (10) à (14)

$$(15)\qquad \operatorname{tang}(-a)=-\operatorname{tang} a, \qquad \operatorname{tang}(\pi-a)=-\operatorname{tang} a,$$

$$(16)\qquad \operatorname{tang}(\pi+a)=\operatorname{tang} a,$$

$$(17)\qquad \operatorname{tang}\left(\frac{\pi}{2}-a\right)=\cot a=\frac{1}{\operatorname{tang} a},$$

$$(18)\qquad \operatorname{tang}\left(\frac{\pi}{2}+a\right)=-\cot a.$$

123. Réduction d'un arc au premier quadrant. — Étant donné un arc quelconque a, on peut trouver un arc terminé dans le premier quadrant, c'est-à-dire compris entre o et $\frac{\pi}{2}$, dont les lignes trigonométriques ont mêmes valeurs absolues que celles de a. Supposons, par exemple, que a soit évalué en grades. Soit a' son reste de division par 400. On peut remplacer a par a', car ces deux arcs se terminent au même point M du cercle trigonométrique et, par conséquent, ont les mêmes lignes.

On peut ensuite, par une des symétries envisagées au numéro précédent, amener ce point M dans le premier quadrant. On applique l'une des formules (10), (11), (12) et le problème est résolu.

En appliquant les formules (13), on peut même ramener le calcul des lignes d'un arc quelconque à celui des lignes d'un arc compris entre o et 50 grades ou 45°.

Ces deux problèmes se présentent dans le calcul pratique des fonctions circulaires au moyen d'une table de logarithmes.

124. Lignes trigonométriques de quelques arcs simples. — La théorie élémentaire des polygones réguliers permet de calculer les lignes trigonométriques des sous-multiples simples de π. Bornons-nous à signaler les formules les plus courantes :

$$(19)\qquad \cos\frac{\pi}{4}=\sin\frac{\pi}{4}=\frac{1}{\sqrt{2}}, \qquad \operatorname{tang}\frac{\pi}{4}=1;$$

$$(20)\qquad \cos\frac{\pi}{3}=\sin\frac{\pi}{6}=\frac{1}{2},$$

$$(21)\qquad \cos\frac{\pi}{6}=\sin\frac{\pi}{3}=\frac{\sqrt{3}}{2}, \qquad \operatorname{tang}\frac{\pi}{3}=\sqrt{3}, \qquad \operatorname{tang}\frac{\pi}{6}=\frac{1}{\sqrt{3}}.$$

125. Formules d'addition. — Proposons-nous de calculer les lignes trigonométriques de l'arc $a+b$, en fonction de celles des arcs a et b.

Portons l'arc $AM = a$, puis, à partir de M, l'arc $MM' = b$. Considérons les axes $Ox'y'$ déduits de Oxy par une rotation de l'angle a. L'axe Ox' passe par M. Il s'ensuit que les coordonnées de M' par rapport à $Ox'y'$ sont $\cos b$ et $\sin b$. Quant aux coordonnées par rapport à Oxy, ce sont $\cos(a+b)$ et $\sin(a+b)$. Appliquons, dès lors, les formules du changement de coordonnées (t. II, n° 34) :

$$(22)\qquad \cos(a+b) = \cos a\cos b - \sin a\sin b,$$

$$(23)\qquad \sin(a+b) = \sin a\cos b + \cos a\sin b.$$

Telles sont les *formules fondamentales d'addition des arcs*.

On en déduit, par division,

$$(24)\qquad \operatorname{tang}(a+b) = \frac{\operatorname{tang} a + \operatorname{tang} b}{1 - \operatorname{tang} a \operatorname{tang} b}$$

et, par le changement de b en $-b$,

$$(25)\qquad \cos(a-b) = \cos a\cos b + \sin a\sin b,$$

$$(26)\qquad \sin(a-b) = \sin a\cos b - \cos a\sin b,$$

$$(27)\qquad \operatorname{tang}(a-b) = \frac{\operatorname{tang} a - \operatorname{tang} b}{1 + \operatorname{tang} a \operatorname{tang} b}.$$

126. *Généralisation.* — En appliquant un nombre suffisant de fois les formules précédentes, on peut arriver à calculer les lignes trigonométriques de la somme d'un nombre quelconque d'arcs. Pour établir des formules générales, il est toutefois plus commode d'employer la méthode analytique suivante.

Partons de la formule (t. I, n° 33)

$$\begin{aligned}(28)\quad \cos(a+b+c+\ldots+l) &+ i\sin(a+b+c+\ldots+l)\\ &= (\cos a + i\sin a)(\cos b + i\sin b)(\cos c + i\sin c)\ldots(\cos l + i\sin l)\\ &= \cos a\cos b\ldots\cos l\\ &\quad\times(1+i\operatorname{tang} a)(1+i\operatorname{tang} b)(1+i\operatorname{tang} c)\ldots(1+i\operatorname{tang} l).\end{aligned}$$

Développons le produit du dernier membre. En désignant par S_p la somme des produits p à p des nombres $\operatorname{tang} a$, $\operatorname{tang} b$, ..., $\operatorname{tang} l$, puis en égalant les parties réelles et les parties imaginaires, on obtient les formules cherchées :

$$(29)\quad \cos(a+b+c+\ldots+l) = \cos a \cos b \ldots \cos l\,(1 - S_2 + S_4 - S_6 + \ldots),$$

$$(30)\quad \sin(a+b+c+\ldots+l) = \cos a \cos b \ldots \cos l\,(S_1 - S_3 + S_5 - \ldots).$$

En divisant membre à membre, on a enfin

$$(31)\quad \operatorname{tang}(a+b+c+\ldots+l) = \frac{S_1 - S_3 + S_5 - \ldots}{1 - S_2 + S_4 - \ldots}.$$

127. Multiplication des arcs. — Si, dans les formules (29), (30), (31), on suppose que tous les arcs sont égaux et au nombre de m, on a

$$(32)\quad \cos ma = \cos^m a\,(1 - C_m^2 \operatorname{tang}^2 a + C_m^4 \operatorname{tang}^4 a - \ldots),$$

$$(33)\quad \sin ma = \cos^m a\,(C_m^1 \operatorname{tang} a - C_m^3 \operatorname{tang}^3 a + C_m^5 \operatorname{tang}^5 a - \ldots),$$

$$(34)\quad \operatorname{tang} ma = \frac{C_m^1 \operatorname{tang} a - C_m^3 \operatorname{tang}^3 a \ldots}{1 - C_m^2 \operatorname{tang}^2 a \ldots}.$$

128. Division des arcs. — Problème I. — *Connaissant* $\cos a$, *calculer* $\cos \frac{a}{m}$. — Au point de vue pratique, pour résoudre ce problème, on procède de la manière suivante. Au moyen d'une table de logarithmes, on calcule l'un des arcs a_0, qui admettent le cosinus donné. Tous les autres sont donnés par la formule (2); on en déduit

$$(35)\quad \frac{a}{m} = \pm \frac{a_0}{m} + \frac{2k\pi}{m};$$

puis,

$$(36)\quad x = \cos \frac{a}{m} = \cos\left(\pm \frac{a_0}{m} + \frac{2k\pi}{m}\right).$$

Cherchons combien il y a de valeurs distinctes de x. Prenons d'abord le signe $+$. En augmentant k de m, nous augmentons $\frac{a}{m}$ de 2π; nous retombons donc sur la même valeur de x. Il nous suffit donc déjà de donner à k m valeurs entières consécutives, par exemple $0, 1, 2, \ldots, m-1$. Les m valeurs correspondantes de x sont, en général, distinctes. En effet, comme les valeurs de $\frac{a}{m}$ ne peuvent différer que d'une quantité inférieure à 2π, si deux nombres k et k' donnaient la même valeur pour x, les arcs correspondants auraient nécessairement pour somme un multiple de 2π et l'on aurait une égalité de la forme

$$2\frac{a_0}{m} + \frac{2(k+k')\pi}{m} = 2p\pi$$

ou

$$a_0 = (pm - k - k')\pi.$$

Cette particularité ne se présente que si le cosinus donné est égal à ± 1. Nous laissons au lecteur le soin de pousser la discussion jusqu'au bout dans cette hypothèse et de reconnaître qu'après suppression des racines ± 1, les valeurs de x précédemment obtenues sont deux à deux égales.

Si nous prenons maintenant le signe $-$ dans la formule (36), nous retombons sur les mêmes valeurs de x. Si, en effet, on associe à la valeur k, prise avec le signe $+$, la valeur k', prise avec le signe $-$ et telle que $k + k' = m$, les deux arcs correspondants ont pour somme 2π et ont, par conséquent, le même cosinus.

En définitive, nous obtenons *m valeurs distinctes pour* x, sauf si le cosinus donné est égal à ± 1, auquel cas les valeurs de x deviennent deux à deux égales.

Il résulte de cette discussion sommaire que l'équation qui doit donner x doit être une équation algébrique de degré m et ayant toutes ses racines réelles. Il est aisé de vérifier la première de ces deux assertions, car, en partant de la formule (32) et appelant b le cosinus donné, on trouve sans difficulté l'équation suivante :

$$(37) \qquad x^m - C_m^2 x^{m-2}(1-x^2) + C_m^4 x^{m-4}(1-x^2)^2 - \ldots - b = 0.$$

Quant à la réalité des racines, elle serait plus difficile à démontrer. Cette démonstration ne présenterait d'ailleurs aucun intérêt pratique et devrait être regardée comme un pur exercice d'algèbre. Nous ne nous en occuperons donc pas.

129. Résolution trigonométrique de l'équation du troisième degré. — La considération de l'équation (37) n'offre non plus aucun intérêt au point de vue de la résolution pratique du problème envisagé au numéro précédent. Sa seule raison d'être est, au contraire, que la Trigonométrie permet de résoudre très aisément toute équation algébrique se présentant sous cette forme ou pouvant s'y ramener. C'est ainsi qu'on apprend, en Mathématiques élémentaires, à résoudre trigonométriquement l'équation du second degré. Nous allons montrer qu'on peut également résoudre, par un procédé analogue, l'équation générale du troisième degré.

Dans l'équation (37), supposons $m = 3$; elle devient

$$4x^3 - 3x - b = 0. \tag{38}$$

Nous obtenons une équation du troisième degré de la forme canonique (t. I, n° 265); mais, ce n'est pas la plus générale. Essayons donc de ramener à la forme (38) l'équation générale

$$x^3 + px + q = 0. \tag{39}$$

A cet effet, faisons le changement de variable

$$x = my, \tag{40}$$

m désignant une constante que nous déterminerons dans la suite. L'équation (39) devient

$$m^3y^3 + pmy + q = 0. \tag{41}$$

Essayons de l'identifier avec l'équation (38) :

$$\frac{m^3}{4} = \frac{pm}{-3} = \frac{q}{-b}. \tag{42}$$

Des deux premiers rapports, nous tirons la valeur de la constante m :

$$m = 2\sqrt{-\frac{p}{3}}; \tag{43}$$

les deux derniers rapports nous donnent ensuite

$$b = \frac{3q}{mp}. \tag{44}$$

L'identification est donc toujours possible, si p est négatif. Mais, il faut, en outre, pour qu'on puisse faire la résolution trigonométrique, que b soit compris entre $+1$ et -1, c'est-à-dire que l'on ait

$$9q^2 < m^2p^2$$

ou

$$4p^3 + 27q^2 < 0. \tag{45}$$

On reconnaît la condition de réalité des trois racines de (39) (t. I, n° 265), qu'il fallait d'ailleurs s'attendre à retrouver, puisque l'équation (38) a nécessairement ses trois racines réelles.

En définitive, *toute équation du troisième degré qui a ses trois racines réelles peut être résolue trigonométriquement* de la manière suivante :

On calcule m, puis b, par les formules (43) et (44); on calcule un angle a ayant pour cosinus b; on calcule ensuite les cosinus des angles $\frac{a}{3}$, $\frac{a}{3}+120^\circ$, $\frac{a}{3}-120^\circ$ et l'on multiplie ces cosinus par m; on obtient alors les trois racines de l'équation (39).

130. Problème II. — *Connaissant* $\sin a$, *calculer* $\cos\frac{a}{m}$. — La méthode pratique est analogue à celle du n° **128**. On en déduit qu'il y a toujours m solutions, qui peuvent se confondre deux à deux, lorsque la valeur donnée pour $\sin a$ est nulle. On peut écrire une équation analogue à (37), en partant de la formule (33).

Problème III. — *Connaissant* $\cos a$ *ou* $\sin a$, *calculer* $\sin\frac{a}{m}$. — On emploie toujours la même méthode pratique. Mais, cette fois, il y a m ou $2m$ solutions suivant la parité de m. On le constate, en faisant la discussion de la résolution trigonométrique ou bien en écrivant l'équation algébrique en x, déduite des formules (32) ou (33).

Problème IV. — *Connaissant* $\tan a$, *calculer* $\tan\frac{a}{m}$. — On emploie toujours une méthode pratique analogue à celle du n° **128**. Il y a m solutions distinctes et l'équation algébrique en x est donnée par la formule (34).

131. Transformation des sommes en produits et inversement. — Une autre application classique des formules d'addition est la suivante.

Combinons par addition et soustraction les formules (22) et (25) d'une part, (23) et (26) d'autre part. Nous obtenons

(46) $$\cos(a+b)+\cos(a-b)=2\cos a\cos b.$$

(47) $$\cos(a-b)-\cos(a+b)=2\sin a\sin b.$$

(48) $$\sin(a+b)+\sin(a-b)=2\sin a\cos b.$$

(49) $$\sin(a+b)-\sin(a-b)=2\sin b\cos a.$$

Ces formules permettent de transformer les produits de sinus et cosinus en sommes algébriques de sinus et cosinus, ce qui est utile, en particulier, dans le calcul de certaines quadratures (t. I, n° 169).

Elles permettent aussi de résoudre le problème inverse. Posons

$$a + b = p, \quad a - b = q; \quad a = \frac{p+q}{2}, \quad b = \frac{p-q}{2};$$

les formules (46) à (49) deviennent

$$\cos p + \cos q = \quad 2\cos\frac{p+q}{2}\cos\frac{p-q}{2}, \tag{50}$$

$$\cos p - \cos q = -2\sin\frac{p+q}{2}\sin\frac{p-q}{2}, \tag{51}$$

$$\sin p + \sin q = \quad 2\sin\frac{p+q}{2}\cos\frac{p-q}{2}, \tag{52}$$

$$\sin p - \sin q = \quad 2\sin\frac{p-q}{2}\cos\frac{p+q}{2}. \tag{53}$$

Le principal intérêt de ces formules réside dans ce fait que les seconds membres sont calculables par logarithmes.

On peut en déduire un procédé pour rendre calculable par logarithmes une somme quelconque :

$$S = a + b = a\left(1 + \frac{b}{a}\right);$$

on pose $\frac{b}{a} = \operatorname{tang}\varphi$ et S s'écrit

$$S = \frac{a}{\cos\varphi}(\cos\varphi + \sin\varphi) = \frac{a}{\cos\varphi}\left[\cos\varphi + \cos\left(\frac{\pi}{2} - \varphi\right)\right]$$

$$= \frac{2a\cos\frac{\pi}{4}\cos\left(\frac{\pi}{4} - \varphi\right)}{\cos\varphi}.$$

132. Formules relatives à la duplication des arcs. — Appliquons les formules (32), (33), (34) dans le cas $m = 2$. Il vient

$$\cos 2a = \cos^2 a - \sin^2 a, \tag{54}$$

$$\sin 2a = 2\sin a\cos a, \tag{55}$$

$$\operatorname{tang} 2a = \frac{2\operatorname{tang} a}{1 - \operatorname{tang}^2 a}. \tag{56}$$

En tenant compte de la formule (5), la formule (54) peut encore se mettre sous les formes suivantes :

$$\cos 2a = 2\cos^2 a - 1 = 1 - 2\sin^2 a. \tag{57}$$

$$\cos^2 a = \frac{1 + \cos 2a}{2}, \qquad \sin^2 a = \frac{1 - \cos 2a}{2}. \tag{58}$$

Si, dans (54) et (55), on remplace a par $\frac{a}{2}$, on peut écrire, en utilisant (9) et posant $\tan\frac{a}{2} = t$,

$$(59) \qquad \cos a = \cos^2\frac{a}{2}\left(1 - \tan^2\frac{a}{2}\right) = \frac{1-t^2}{1+t^2},$$

$$(60) \qquad \sin a = \cos^2\frac{a}{2}\,2t = \frac{2t}{1+t^2},$$

formules élémentaires bien connues, dont on a pu apprécier toute l'importance dans le calcul intégral et aussi en Géométrie analytique.

CHAPITRE II.

RÉSOLUTION DES TRIANGLES.

133. Formules fondamentales. — Un triangle ABC possède six éléments : ses trois côtés $a = BC$, $b = CA$, $c = AB$ et ses trois angles A, B, C, que nous considérerons toujours comme positifs et $< \pi$.

Si l'on se donne trois quelconques de ces six éléments (à l'exception des trois angles), on peut construire le triangle et, par suite, les trois autres éléments sont déterminés. Il doit donc, *a priori*, exister trois relations indépendantes entre les six éléments d'un triangle quelconque. Bien entendu, on peut en déduire une infinité d'autres relations et, parmi toutes ces relations, on peut toujours imaginer qu'on en choisisse trois formant un système indépendant. Il y a donc certainement bien des manières d'écrire un tel système. Nous allons en indiquer trois, qui sont les formules fondamentales classiques servant de base à la résolution des triangles.

134. *Premier groupe.* — Projetons le contour BAC et sa résultante BC sur la droite BC, orientée de B vers C. Nous avons

$$a = c \cos B + b \cos C. \tag{1}$$

En permutant circulairement les grandes lettres et les petites lettres, on obtient deux autres formules analogues, qui, avec (1), constituent ce que nous appellerons le premier groupe.

Deuxième groupe. — Faisons le carré scalaire (t. II, n° 104) de l'égalité géométrique

$$\overrightarrow{BC} = \overrightarrow{BA} + \overrightarrow{AC}. \tag{2}$$

Nous obtenons, en remarquant que l'angle des deux vecteurs est $\pi - A$,

$$(3) \qquad a^2 = b^2 + c^2 - 2bc\cos A.$$

Par permutations circulaires, on obtiendrait les deux autres formules du deuxième groupe.

Troisième groupe. — Considérons le cercle circonscrit au triangle et prenons le point B′ diamétralement opposé à B. L'angle BCB′ est droit et le triangle rectangle BCB′ nous donne (¹)

$$(4) \qquad a = 2R\sin A,$$

en appelant R le rayon du cercle circonscrit et remarquant que les angles BB′C et BAC sont égaux ou supplémentaires.

En permutant circulairement, on a deux autres formules analogues. En éliminant la variable auxiliaire R, on obtient

$$(5) \qquad \frac{a}{\sin A} = \frac{b}{\sin B} = \frac{c}{\sin C}.$$

A ces deux formules, on joint

$$(6) \qquad A + B + C = \pi,$$

et l'on a le troisième groupe.

Chacun de ces trois groupes est un système fondamental et nous laissons au lecteur le soin de vérifier, à titre d'exercice, qu'on peut effectivement déduire deux quelconques d'entre eux du troisième.

135. **Résolution des triangles.** — Résoudre un triangle, c'est calculer tous ses éléments, quand on connaît trois d'entre eux, ou, plus généralement, quand on l'assujettit à trois conditions simples indépendantes. Nous nous bornerons ici à examiner rapidement les cas classiques où l'on ne donne que des côtés ou des angles. Nous suivrons le même ordre que pour la résolution des trièdres.

Premier cas : On donne les trois côtés. — On a immédiatement les trois angles par l'application des formules du deuxième groupe :

(¹) Nous supposons connues les formules relatives aux triangles rectangles, qui s'établissent immédiatement en projetant l'hypoténuse sur un côté de l'angle droit.

par exemple,

$$\cos A = \frac{b^2 + c^2 - a^2}{2bc}.$$

Au point de vue des calculs numériques, il convient de rendre les formules calculables par logarithmes. A cet effet, on emploie l'artifice suivant. On a

$$1 + \cos A = \frac{b^2 + c^2 - a^2 + 2bc}{2bc} = \frac{(b + c)^2 - a^2}{2bc} = \frac{(b + c + a)(b + c - a)}{2bc}.$$

Posons

$$(7) \qquad a + b + c = 2p;$$

il vient, en utilisant la formule (58) du n° 132,

$$(8) \qquad \cos\frac{A}{2} = \sqrt{\frac{p(p-a)}{bc}}.$$

En formant de même la combinaison $1 - \cos A$, on trouve

$$(9) \qquad \sin\frac{A}{2} = \sqrt{\frac{(p-b)(p-c)}{bc}}.$$

En divisant (9) par (8), on a enfin

$$(10) \qquad \operatorname{tang}\frac{A}{2} = \sqrt{\frac{(p-b)(p-c)}{p(p-a)}}.$$

Devant chacun de ces radicaux, il faut prendre le signe $+$, car $\frac{A}{2}$ devant être compris entre 0 et $\frac{\pi}{2}$, ses trois lignes trigonométriques doivent être positives.

La seule condition de possibilité du problème est, par exemple, que $\cos\frac{A}{2}$ soit réel et < 1, c'est-à-dire que $p - a$ soit positif ou

$$(11) \qquad a < b + c$$

et

$$p(p - a) < bc,$$

ou

$$(b + c)^2 - a^2 < 4bc, \qquad (b - c)^2 < a^2,$$

ou enfin

$$(12) \qquad a > |b - c|.$$

On retrouve, en (11) et (12), les inégalités bien connues auxquelles doivent satisfaire les trois côtés d'un triangle.

Bien que la résolution proprement dite du triangle soit terminée, signalons quelques autres formules classiques se rattachant à ce cas.

Si l'on applique la formule (4), on trouve

$$a = 4R\sin\frac{A}{2}\cos\frac{A}{2} = 4R\frac{\sqrt{p(p-a)(p-b)(p-c)}}{bc};$$

d'où

$$(13)\qquad R = \frac{abc}{4\sqrt{p(p-a)(p-b)(p-c)}}.$$

Calculons la surface S du triangle. Si nous remarquons que la hauteur issue du sommet B, par exemple, est égale à $c\sin A$, nous avons

$$(14)\qquad S = \frac{1}{2}bc\sin A.$$

En remplaçant $\sin A$ par $2\sin\frac{A}{2}\cos\frac{A}{2}$ et tenant compte de (8) et (9), il vient

$$(15)\qquad S = \sqrt{p(p-a)(p-b)(p-c)}.$$

En comparant avec (13), on trouve la formule bien connue

$$(16)\qquad abc = 4RS,$$

qu'on peut d'ailleurs aussi déduire de (14) et de (4).

Enfin, si l'on décompose le triangle en une somme de trois triangles ayant pour bases ses trois côtés et pour sommet commun le centre du cercle inscrit, on a, en appelant r le rayon de ce cercle,

$$(17)\qquad S = pr;$$

d'où

$$(18)\qquad r = \sqrt{\frac{(p-a)(p-b)(p-c)}{p}}.$$

136. *Deuxième cas : On donne deux côtés b, c et l'angle compris A.* — Utilisons les formules du troisième groupe. Nous avons, pour calculer B et C, les deux équations

$$(19)\qquad \frac{\sin B}{b} = \frac{\sin C}{c},$$

$$(20)\qquad B + C = \pi - A.$$

Pour résoudre ce système d'une manière symétrique, introduisons l'inconnue auxiliaire

$$B - C = u. \tag{21}$$

Pour mettre en évidence cette nouvelle quantité, introduisons les expressions $\sin B - \sin C$ et $\sin B + \sin C$:

$$\frac{\sin B - \sin C}{b - c} = \frac{\sin B + \sin C}{b + c},$$

ou, en appliquant les formules (52) et (53) du n° 131,

$$\frac{2\sin\frac{B-C}{2}\cos\frac{B+C}{2}}{b-c} = \frac{2\sin\frac{B+C}{2}\cos\frac{B-C}{2}}{b+c}.$$

d'où l'on tire, en se servant de (20),

$$\tan\frac{u}{2} = \frac{b-c}{b+c}\cot\frac{A}{2}. \tag{22}$$

Cette formule permet de calculer, par logarithmes, l'angle u, dont il faut prendre la détermination comprise entre $-\pi$ et $+\pi$. On a ensuite B et C par (20) et (21). Puis, le troisième côté a est donné par

$$a = \frac{b\sin A}{\sin B}. \tag{23}$$

Toutes ces formules sont toujours applicables et, par conséquent, le problème est toujours possible.

137. *Troisième cas : On donne deux côtés a, b et l'angle A opposé à l'un d'eux.* — Nous avons

$$\sin B = \frac{b\sin A}{a}, \tag{24}$$

ce qui donne B, puis C, d'après (6), et enfin c par la formule

$$c = \frac{a\sin C}{\sin A}. \tag{25}$$

Discussion. — On doit d'abord avoir, d'après (24),

$$a \geqq b\sin A. \tag{26}$$

Cette condition étant supposée remplie, la formule (24) donne, pour B, deux valeurs supplémentaires B′ et $B'' = \pi - B'$, l'angle B′ étant supposé aigu, pour fixer les idées.

Pour que la valeur de C donnée par (6) soit ensuite acceptable, il faut et il suffit qu'elle soit positive; on doit donc avoir

$$(27) \qquad B < \pi - A.$$

Pour interpréter cette inégalité au moyen des données, il faut nous servir de (24), ce qui introduit sin B et nous oblige à considérer deux cas suivant que B et $\pi - A$ sont aigus ou obtus, puisque le sinus varie comme l'angle, dans le premier cas et, dans le sens opposé, dans le second cas.

I. $A < \frac{\pi}{2}$. — L'angle B′ convient toujours, puisqu'il est aigu et que $\pi - A$ est obtus. Quant à B″, il ne convient que si l'on a

$$\sin B'' > \sin(\pi - A),$$

ou

$$\sin B > \sin A,$$

ou, d'après (24),

$$(28) \qquad b > a.$$

Si cette inégalité est satisfaite, on aura deux solutions; sinon, on n'en aura qu'une, donnée par l'angle aigu B′.

II. $A > \frac{\pi}{2}$. — L'angle obtus B″ ne convient jamais. Pour que B′ convienne, il faut et il suffit que

$$\sin B' < \sin(\pi - A)$$

ou

$$(29) \qquad b < a.$$

Si cette inégalité est satisfaite, on aura une solution; sinon, on n'en aura aucune.

138. *Quatrième cas : On donne un côté a et deux angles* B *et* C. — Observons d'abord que peu importe le choix des deux angles donnés, car le troisième est immédiatement connu par la formule (6).

Nous avons maintenant, d'après les formules du troisième groupe,

$$(30) \qquad b = \frac{a \sin B}{\sin A}, \qquad c = \frac{a \sin C}{\sin A}.$$

Ces formules sont toujours applicables et donnent toujours une seule solution.

139. **Formule fondamentale de la trigonométrie sphérique.** — On peut se poser, pour les triangles sphériques, les mêmes questions que pour les triangles rectilignes et établir la trigonométrie sphérique parallèlement à la trigonométrie rectiligne. Nous nous contenterons ici d'en donner la *formule* dite *fondamentale*.

Soit un triangle sphérique ABC. Appelons a, b, c ses côtés, c'est-à-dire les angles au centre BOC, COA, AOB, et A, B, C ses angles, c'est-à-dire les angles plans des dièdres BOAC, COBA, AOCB. Supposons que l'on connaisse b, c, A; on peut évidemment construire le triangle et, par suite, on doit pouvoir calculer tous ses autres éléments. Nous allons seulement calculer le troisième côté a.

A cet effet, prenons un axe des z dirigé de O vers A, un axe des x perpendiculaire, dans le plan AOB et du même côté que OB par rapport à Oz, enfin un axe des y perpendiculaire aux deux précédents et du même côté que OC par rapport au plan zOx. Les longitudes et colatitudes des demi-droites OB et OC sont respectivement $(0, c)$ et (A, b). Leurs cosinus directeurs sont donc (t. II, n° 30)

$$\sin c, \; 0, \; \cos c \quad \text{et} \quad \sin b \cos A, \; \sin b \sin A, \; \cos b.$$

Nous aurons l'angle a de ces deux demi-droites, en appliquant la formule (21) du n° 31 du Tome II :

$$(31) \qquad \cos a = \sin c \sin b \cos A + \cos c \cos b.$$

Telle est la formule connue sous le nom de formule fondamentale de la Trigonométrie sphérique.

NOTE

SUR

LA CONSTRUCTION DES CONIQUES DANS LES ÉPURES

---

140. Il arrive fréquemment, dans les épures, que l'on ait à construire une conique. Bien qu'il existe dans le commerce des instruments permettant le tracé continu de ces lignes, on se contente généralement de les construire par points. Nous allons indiquer les procédés qui nous paraissent les plus pratiques pour effectuer cette construction.

141. Hyperbole. — C'est généralement le cas le plus avantageux, car nous avons vu, à différentes reprises, qu'on pouvait facilement en trouver les asymptotes et un point. On a ensuite autant de points qu'on veut, en s'appuyant sur le théorème II du n° 341 du Tome II. Si A est le point connu (*fig.* 58), on mène une sécante quelconque

Fig. 58.

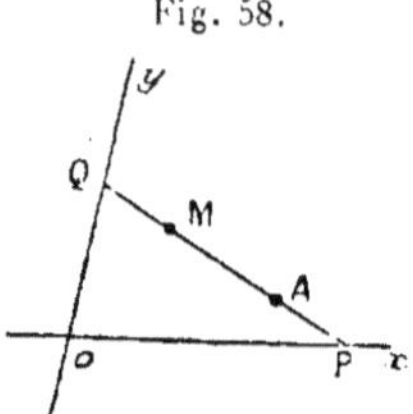

passant par ce point et l'on porte $\overline{QM} = \overline{AP}$. Le point M appartient à l'hyperbole.

Cette construction peut se faire en traçant effectivement la sécante au crayon et reportant la longueur AP avec le compas à pointes sèches. Cela a l'inconvénient d'embrouiller la figure, quand on veut avoir un grand nombre de points. On peut aussi se contenter de faire passer un double-décimètre par le point A. On compte le nombre de millimètres compris entre A et Ox. Puis, partant de Oy, dans le sens convenable, on compte un nombre de millimètres égal au nombre trouvé précédemment et l'on marque, avec la pointe du crayon, le point M qui se trouve en face de la division à laquelle on a abouti. Ce procédé évite l'inconvénient signalé plus haut. Mais, il est assez peu précis, à cause des erreurs qu'on commet inévitablement, en interpolant les millimètres.

142. **Ellipse.** — Quand on connaît les axes, le procédé le plus rapide est celui dit *de la bande de papier* (t. II, n° 540).

Mais, il arrive fréquemment que l'on connaisse seulement deux diamètres conjugués. Si l'ellipse est de grandes dimensions et nécessite, par suite, la détermination d'un grand nombre de points, il y a avantage à construire les axes, pour appliquer ensuite le procédé précédent. Cette construction a été indiquée dans l'Exercice résolu n° 2 du Chapitre XXXV du Tome II. Rappelons la règle, sans démonstration.

Soient OA et OB les deux diamètres conjugués (*fig.* 59). On

Fig. 59.

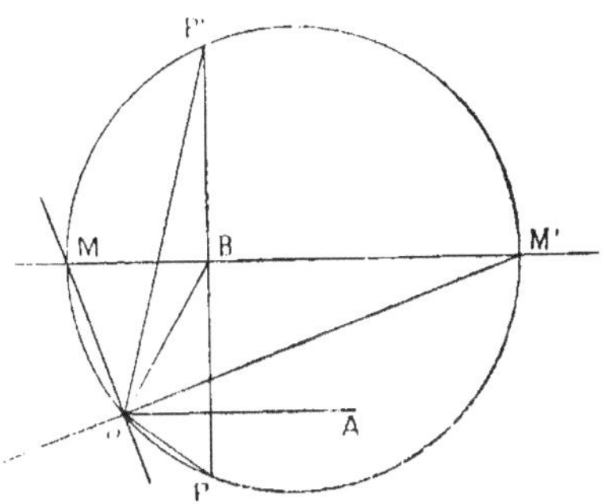

mène par B une parallèle et une perpendiculaire à OA. Sur la perpendiculaire on porte BP = BP' = OA. Puis, on trace la circonférence circonscrite au triangle POP'. Elle rencontre la parallèle à OA en deux points M et M'. Les droites OM et OM' donnent les directions des deux axes. Leurs longueurs sont OP + OP' et OP' — OP, le grand axe devant se trouver dans l'angle aigu des deux diamètres.

Si l'ellipse est de petites dimensions, il suffit généralement, pour qu'on puisse la tracer avec une exactitude pratiquement suffisante, d'en déterminer quelques points, autres que les extrémités A, B, A', B' des diamètres donnés. On peut d'abord construire facilement les points de rencontre de l'ellipse avec les diagonales du parallélogramme formé par les tangentes en A, B, A' B'. On a, par exemple, en remarquant que AB est la polaire de C (*fig.* 60),

$$\overline{OP}^2 = \overline{OE} \cdot \overline{OC} = \frac{OC^2}{2}; \qquad OP = \frac{OC}{\sqrt{2}},$$

Fig. 60.

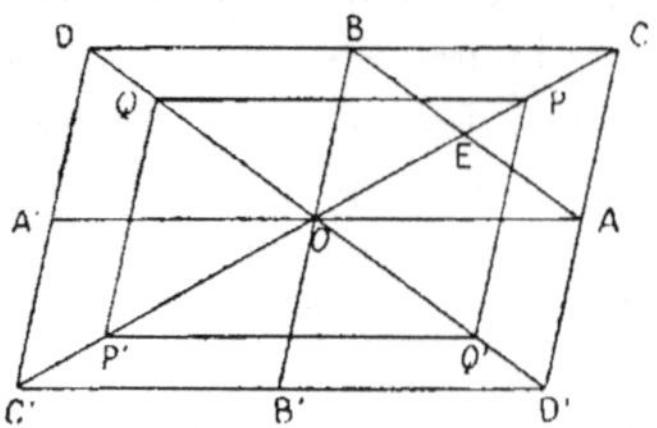

longueur facile à construire. Ayant le point P, on en déduit les trois autres points analogues, en achevant le parallélogramme PQP'Q', dont on connaît les diagonales CC' et DD'. On trace enfin les tangentes en tous ces points, en remarquant que la tangente en P, par exemple, est parallèle à AB.

D'autres points faciles à construire sont ceux dont les coordonnées par rapport aux axes AOB sont $\left(\pm \frac{4}{5} OA, \pm \frac{3}{5} OB\right)$ et $\left(\pm \frac{3}{5} OA, \pm \frac{4}{5} OB\right)$, car il est aisé de vérifier que ces coordonnées satisfont bien à l'équation de l'ellipse rapportée à ses deux diamètres conjugués. La tangente au point M $\left(\frac{4}{5} OA, \frac{3}{5} OB\right)$, par exemple, rencontre OA au point T tel que $OT = \frac{5}{4} OA$.

En combinant les deux méthodes précédentes, on voit qu'on pourra obtenir 12 nouveaux points, avec leurs tangentes. En leur ajoutant A, B, A', B', on aura donc, en tout, 16 points et leurs tangentes, ce qui équivaut à 32 points. Cela sera généralement suffisant pour exécuter un bon tracé de la courbe.

Si l'on veut encore d'autres points, on peut employer la méthode suivante. Traçons la circonférence de diamètre AA'. Prenons-y un point M quelconque. Projetons-le en Q sur OA. Menons QP parallèle à OB et prenons son intersection P avec SB, S désignant le point de rencontre de CM avec OA. Le point P appartient à l'ellipse.

En effet, si l'on appelle (x, y) ses coordonnées par rapport aux axes Oxy (*fig.* 61) et (X, Y) les coordonnées de M par rapport aux

Fig. 61.

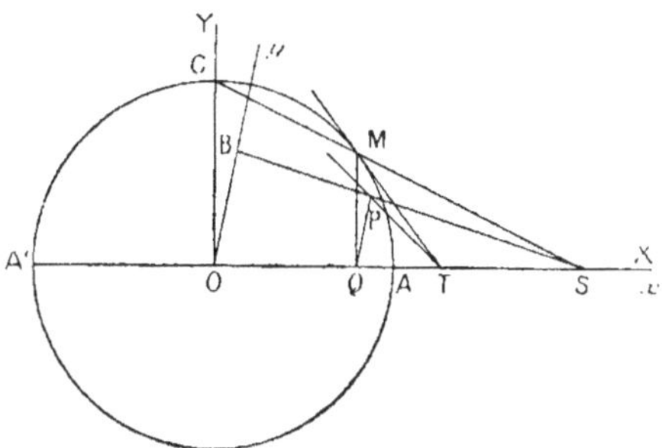

axes rectangulaires OXY, on a

$$(1) \qquad x = X, \qquad \frac{y}{b} = \frac{SQ}{SO} = \frac{Y}{a},$$

en posant $OA = a$, $OB = b$. Or,

$$X^2 + Y^2 = a^2;$$

donc,

$$\frac{x^2}{a^2} + \frac{y^2}{b^2} = 1.$$

ce qui est l'équation de l'ellipse rapportée aux axes Oxy. Les formules (1) définissent une transformation homographique, admettant Ox pour ligne de points doubles (puisque y et Y s'annulent en même temps). Il s'ensuit que la tangente en M au cercle et la tangente en P à l'ellipse, qui sont des droites homologues, se coupent en un point T de Ox. De là résulte une construction évidente de la tangente en P (*cf.* t. II, n° 539).

143. **Parabole.** — Supposons-la déterminée par un diamètre Ox, la tangente Oy à l'extrémité de ce diamètre et un point P. Soient (a, b) les coordonnées de ce point. L'équation de la parabole peut s'écrire

$$(2)\qquad \frac{y^2}{b^2} = \frac{x}{a}.$$

On peut y satisfaire identiquement en posant

$$(3)\qquad y = \frac{p}{q}b, \qquad x = \frac{p^2}{q^2}a,$$

p et q désignant deux entiers quelconques. Dès lors, divisons OB (*fig.* 62) en q parties égales et numérotons les points de division

Fig. 62.

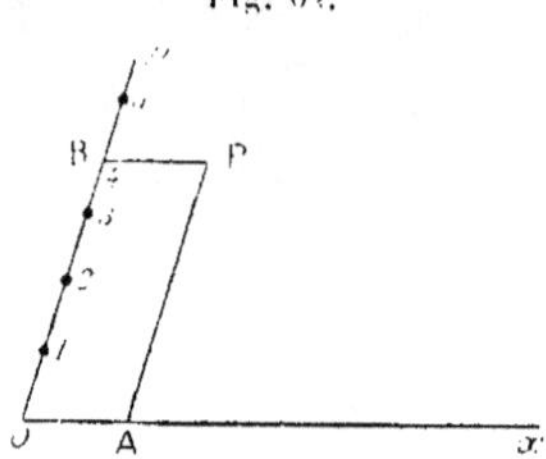

dans l'ordre naturel, de O vers B, en prolongeant la graduation au delà de B, si cela est nécessaire. Puis, divisons OA en q^2 parties égales et numérotons les points de division, en marquant 1 au premier point, 2 au quatrième, 3 au neuvième, 4 au seizième, etc. (1). Les parallèles à Ox menées par les points de la première graduation rencontrent les parallèles à Oy menées par les points de même numéro de la deuxième graduation en des points qui appartiennent à la parabole. Ces points sont d'autant plus rapprochés que le nombre q est plus grand. Ajoutons enfin qu'il est facile d'avoir la tangente en chacun d'eux, en utilisant la propriété bien connue de la sous-tangente (t. II, n° 545).

(1) On peut évidemment se dispenser de construire les points intermédiaires, qui ne servent à rien.

FIN DU TOME III.

TABLE DES MATIÈRES.

Pages.

PRÉFACE V

Géométrie descriptive.

CHAPITRE I. — Généralités sur la représentation des lignes et des surfaces et sur la recherche de leurs intersections 1

CHAPITRE II. — Polyèdres, prismes et pyramides 14

CHAPITRE III. — Cônes et cylindres 23

CHAPITRE IV. — Sphère 37

CHAPITRE V. — Surfaces de révolution 50

CHAPITRE VI. — Surface gauche de révolution 75

CHAPITRE VII. — Quadriques quelconques 90

CHAPITRE VIII. — Projections cotées; surfaces topographiques 97

CHAPITRE IX. — Notions de perspective 109

CHAPITRE X. — Résolution des trièdres 116

Trigonométrie.

CHAPITRE I — Propriétés générales des fonctions circulaires 125

CHAPITRE II. — Résolution des triangles 137

NOTE sur la construction des coniques dans les épures 145

TABLE DES MATIÈRES.

	Pages.
PRÉFACE	V

Géométrie descriptive.

CHAPITRE I. — Généralités sur la représentation des lignes et des surfaces et sur la recherche de leurs intersections	1
CHAPITRE II. — Polyèdres, prismes et pyramides	14
CHAPITRE III. — Cônes et cylindres	23
CHAPITRE IV. — Sphère	37
CHAPITRE V. — Surfaces de révolution	50
CHAPITRE VI. — Surface gauche de révolution	75
CHAPITRE VII. — Quadriques quelconques	90
CHAPITRE VIII. — Projections cotées; surfaces topographiques	97
CHAPITRE IX. — Notions de perspective	109
CHAPITRE X. — Résolution des trièdres	116

Trigonométrie.

CHAPITRE I. — Propriétés générales des fonctions circulaires	125
CHAPITRE II. — Résolution des triangles	137
NOTE sur la construction des coniques dans les épures	145

68462 PARIS. — IMPRIMERIE GAUTHIER-VILLARS ET Cie,
Quai des Grands-Augustins, 55.

www.ingramcontent.com/pod-product-compliance
Lightning Source LLC
LaVergne TN
LVHW012005220826
846092LV00001B/247

* 9 7 8 2 3 2 9 7 9 2 8 9 7 *